甜点，再甜一点

Tiandian, zai Tian Yidian

游向蓝天的鱼 著

中国轻工业出版社

图书在版编目（CIP）数据

甜点，再甜一点 / 游向蓝天的鱼著. —北京：中国轻工业出版社，2014.2
　　ISBN 978-7-5019-9491-5

　　Ⅰ.① 甜… Ⅱ.① 游… Ⅲ.① 甜食–食谱 Ⅳ.① TS972.134

中国版本图书馆CIP数据核字（2013）第249945号

策划编辑：王巧丽
责任编辑：王巧丽　张盟初　　责任终审：张乃柬　　封面设计：
版式设计：锋尚设计　　　　　责任校对：李　靖　　责任监印：马金路

出版发行：中国轻工业出版社（北京东长安街6号，邮编：100740）
印　　刷：北京顺诚彩色印刷有限公司
经　　销：各地新华书店
版　　次：2014年2月第1版第2次印刷
开　　本：720×1000　1/16　印张：16
字　　数：305千字
书　　号：ISBN 978-7-5019-9491-5　定价：36.00元
邮购电话：010-65241695　传真：65128352
发行电话：010-85119835　85119793　传真：85113293
网　　址：http://www.chlip.com.cn
Email：club@chlip.com.cn
如发现图书残缺请直接与我社邮购联系调换
140127S1C102ZBW

甜点，再甜一点

目录 Contents

第一章 —— 烘焙类

1. 柠香玛德琳——浪漫的形状 / 10
2. 心形淡奶油司康——不成调的情歌 / 14
3. 似轻乳酪蛋糕——类似爱情 / 18
4. 香酥甜咸饼——光阴的味道 / 22
5. 酸奶泡芙——当我们窝在一起 / 26
6. 玛格丽特——大众情人 / 30
7. 迷你热狗——因为是朋友 / 34
8. 蔓越莓乳酪蛋糕——冬眠 / 38
9. 花式果干面包圈——你的婚姻谁做主 / 42
10. 椰香酥饼——最爱好天气 / 46
11. 阿拉棒——真相需要去探索 / 50
12. 牛奶餐包——适合你的才最好 / 54
13. 黑加仑乳酪贝果——给贝果最甜美的心 / 58
14. 抗春困的红茶蛋饼——无油也香甜 / 62

15. 双色慕斯——这样也好 / **66**

16. 绿茶酥——心情小点 / **72**

17. 黄金燕麦酥——母亲节的感恩礼物 / **76**

18. 舒芙蕾——味还在,形已逝;爱还在,情已逝 / **80**

19. 北海道吐司——重逢后爱上你 / **84**

20. 酥皮蜜桃派——美食搬运工 / **88**

21. 蜜豆牛奶天使蛋糕——创意这回事 / **92**

22. 朱古力心太软——坚强的外表,柔软的心 / **96**

23. 枫糖棒——爱情不只"一见钟情" / **100**

24. 香梨煎饼——讨巧 / **104**

25. 金枪鱼面包——租来的人生 / **108**

26. 南瓜芝士蛋糕——心中的遗憾 / **112**

27. 焦糖乳酪蛋糕——是件技术活 / **116**

28. 西葫芦培根派——倾诉 / **120**

29. 巧克力布朗尼——有意外才有转机 / **124**

30. 谷物条——胆小鬼 / **128**

31. 蜂蜜小蛋糕——珍藏于心中的童趣 / **132**

32. 抹茶红豆麦芬——开始的理由 / **136**

33. 巧克力费南雪——永不落空的幸福 / **140**

34. 三色辫子面包——食物中的坚持 / **144**

目录 Contents

35. 红茶磅蛋糕——标榜 / 148

36. 低脂麻花甜甜圈——前奏 / 152

37. 肉桂卷——电影中的美食艺术 / 156

38. 芝士肠仔包——人生中的重要一课 / 160

39. 黑加仑奶香排包——好爱情，坏爱情 / 164

40. 菠萝包——我的小确幸 / 168

第二章 — 甜品类 —

1. 铜锣烧好啦——爱与被爱的幸福 / 174

2. 红糖麻酱卷——Nice to meet you，旧时光 / 178

3. 糖不甩——找个理由爱上它 / 182

4. 抹茶慕斯——吃对属于你的甜品 / 186

5. 芒果果冻慕斯蛋糕——时间旅行 / 190

6. 焦糖朗姆香蕉——越懂得越喜欢 / 194

7. 蓝莓慕斯——浪漫的美味 / 198

8. 阿华田手指果冻——回到那一天 / 202

9. 杏汁鲜奶木瓜——成全女人的夙愿 / 206

10. 焦糖牛奶炖蛋——友谊的甜蜜见证 / 210

第三章 饮品类

1. 桂花酸梅汤——口水的价值 / 216

2. 雪梨玫瑰露——天凉好个秋 / 220

3. 在家搞定招牌奶茶——有预谋的放纵 / 224

4. 香浓牛奶核桃露——平凡也浪漫 / 228

5. 薏米柠檬水——因爱愚蠢 / 232

6. 绿豆薏米奶露——撒在生活中的爱 / 236

7. 苦瓜雪碧——吃苦是一种能力 / 240

8. 枫糖苹果茶——多余苹果的好出路 / 244

9. 姜汁糖浆——一瓶"精华"去百病 / 248

10. 椰香红豆龟苓膏——最完美的夏日冷饮 / 252

CHAPTER

第一章

BAKING

烘焙类

世界虽大,却可以在一份烘烤的热度中感受幸福。

 Cookies 饼干

 Cake 蛋糕

 Bread 面包

1

柠香玛德琳
——浪漫的形状

难度：一般简单　★★☆☆☆
时间：1.5小时　◐◑
价格：5元　￥5
分量：2人份
口味：甜软微酸

第一章 烘焙类

　　看到玛德琳就会不经意地想起普鲁斯特，正是凭借对玛德琳的味觉回忆，成就了他的文学巨著——《追忆似水年华》。这本长篇巨著，不仅奠定了作者的文坛地位，也将玛德琳由家庭作坊推向了世界厨房。

　　有没有一种味道能让时光驻足？有没有一种声音让你感觉幸福有迹可寻？当你端起一杯午后的咖啡，就着一碟贝壳形状的蛋糕，绵软、微酸在口腔激荡，你会不会也感慨似水流年即使匆匆，那又何妨？只要静静坐着，那贝壳的形状就像耳边按摩的海风，吹送着味蕾的声音，它正用优雅的声线读一首浪漫的诗歌。这一刻你只是你，真的你！不是那个曾为爱情流泪的你，不是那个曾被奚落不敢反抗的你，也不是即将"浴血奋战"的你。

　　你从来没有想过，一个午后能真切地释放自我，只因你从没遇到——玛德琳。生就一副浪漫的形状，温柔地想要抚平人们心里的伤口，这浪漫的外表下包裹着各种各样的绮丽，没人能一眼看穿，就像拆开礼物包一样，每一个都有惊喜，每一口都有抚慰。

　　我想起一位老友，倔强的她从不承认自己是个感情的失败者，却在一天傍晚被我的玛德琳诱拐了眼泪，任往事决堤。她说她为了得到心仪的男人，用了卑鄙的手段，最终胜利了，却不知是不是真的胜利，因为人留下了心不在，她憧憬中的幸福画面，从来没有出现过。

　　在感情中，谁是天使？谁是恶魔？没有生来就能扮演的角色，只有一步步逼落悬崖的绝望。

　　或许你曾有不光彩的过去，或许你曾有光彩的过去。它们都只是过去，让玛德琳帮你找到现在的你吧。不要怀疑，它就是有这种神奇的魔力。

原料

鸡蛋 2个（约120克）　　低筋面粉 80克　　色拉油 60克
白砂糖 50克　　　　　　柠檬皮碎 10克　　泡打粉 3克
蜂蜜 15克　　　　　　　柠檬汁 15克　　　烘焙：180℃ 上下火 15分钟

做法

1. 鸡蛋、白砂糖、蜂蜜搅拌均匀。
2. 加入泡打粉，继续搅拌至均匀。
3. 筛入低筋面粉和柠檬皮碎，用勺子或者刮刀，将面糊拌匀。
4. 然后加入色拉油、柠檬汁。
5. 拌匀后，放入冰箱冷藏40分钟。
6. 在模具上刷一层色拉油。
7. 然后将面糊倒入，跟模具边缘平齐。入烤箱烘焙。

小贴士

1. 如果是在天气较冷的情况下，可将鸡蛋、白砂糖、蜂蜜隔热水搅拌。

2. 低筋面粉筛入后，一定要搅拌均匀，防止出现结块，影响口感。

3. 冷藏是为了增加面糊的黏稠度。

处理柠檬的小TIPS

柠檬表面有一层蜡，食用后对人体有害。当需要用到柠檬外皮时，要首先将蜡去除。

1. 将柠檬放入温水中浸泡15分钟，使表面软化、水润。
2. 在柠檬外面涂抹一层盐，然后双手用力来回揉搓，将蜡摩擦去除。
3. 如果要用到柠檬皮碎，就用去皮刀将柠檬皮去掉，注意尽量不要去到白色的部分。
4. 然后将其切碎即可。

2 心形淡奶油司康
——不成调的情歌

难度：一般简单　★★☆☆☆
时间：30分钟
价格：8元　￥8
分量：3人份
口味：松软香甜

第一章 烘焙类

小健爱上的A小姐我们都认为不适合他，准确地说，是不适合除她男朋友外的任何人。没错，A小姐有男朋友，而且是准备要结婚的那种。

可小健迷她迷了好多年，从青葱到老葱，整个少年情怀全都献给一个不爱自己的人，如今依然。小健说，刘晓庆说过：爱人就像鞋子，舒不舒服只有自己知道。于是，我们的所有劝告尘归尘，土归土，更像是八婆自作多情地管闲事。

小健铁了心，奔跑着往南墙上撞。香水、首饰……总之，一切能够祸害女人的玩意，全部不惜血本送给A小姐。之后的一段时间，小健天天开心地吸溜方便面，再后来，连方便面都变成奢侈品，他便开始笑容可掬地啃馒头。我们都以为小健潜伏在胜利前夕的喜悦中，于是叫他出来聚餐，名义上为他补身，实则打探内幕。

酒过半巡，喝到至high，小健才露出真实面目，苦不堪言地向大家道出实情。这位A小姐一向都知道小健暗恋自己，小健打着飞的去了A小姐的城市，向她表白。A小姐既不拒绝也不回应，这厢满怀欣喜地收了小健的礼物，那厢便挽着自己男友去看电影。回来后小健收到A小姐的短信说，很喜欢送她的香水，如果能拥有一个系列就好了。小健就砸锅卖铁买香水去了。

我拍着小健的肩膀，关切地问他：肾还在吗？

小健一愣，苦涩地笑笑：呵，还在。这玩意不到关键时刻，不能卖！

我欣慰地点头：嗯，人没事就好。

小健最后的崩盘是在我们聚会后的几天，他从同学那里得知A小姐已于上周结婚。他说那是一种彻底蔫菜的感觉，明明昨晚还收到A小姐温存的短信，夸他细心，说自己有些动心。当然，最后总忘不了索要些什么。

其实，A小姐的把戏，除了小健，我们每个人都看得真切。所以，即便他吃泡面、啃馒头，作为朋友的我们却没有伸出援手。

当所有劝解失去效力，不如让他尽快跳入火坑吧，我们愿意赴汤蹈火，将他救出，却不会在他走近火坑时，帮他伪造海市蜃楼。

是的，爱人就像鞋子。前提是，你得先穿在脚上，才能知道舒不舒服。

原 料

黄油 30克
普通面粉 125克
糖 25克

泡打粉 3克
淡奶油 40克
鸡蛋 1个

牛奶 少许（刷表面）
烘焙：180℃ 中层 上下火 20分钟

做 法

1. 黄油回室温后切成小块。
2. 将面粉、糖、泡打粉混合均匀。
3. 将黄油倒入后，用双手搓成屑状。
4. 将混合物中间挖个洞，加入淡奶油和鸡蛋，拌匀。
5. 捏成面团，放在撒了手粉的案板上，擀成片。然后对折再擀成2厘米厚的片状。
6. 用模具压成图案。
7. 将做好的面坯放入铺了油纸的烤盘里。
8. 面坯表面刷上牛奶。烤盘放进预热好的烤箱，烘焙20分钟。

小贴士
1. 记得使用无铝泡打粉，避免对身体的伤害。
2. 不要过度揉搓面团，防止出筋。
3. 如果想让表面上色更深、更漂亮，可将牛奶换成蛋黄液。

心形淡奶油司康
Heart-shaped whipping cream scones
不成调的情歌

3

似轻乳酪蛋糕
——类似爱情

难度：中等
时间：准备30分钟，做1小时
价格：10元
分量：4人份
口味：松软香甜

★★★★☆
¥ 10

第一章 烘焙类

你走的时候屋外飘起了细雨,一丝丝地挂在窗户上,像是谁忘记擦掉的眼泪。我记不清了,这是第几次落雨的夜晚,你潇洒地弹了弹烟蒂,披上外衣,走掉。

我在你身后转身,去向另一个看得到你的地方——窗口,我打开窗,静静地依偎在窗边,望着你的背影,望着望着,脸上便挂满了泪。

我分不清,它是来自天上,还是眼眶。

你说,我们不许认真。宁愿是彼此的过客,人生必须的经过。

可是,在你说过不能认真后,我认真了。于是,我痛了,可我不想认输。

我借了个男朋友来伪装对你的不在乎,我看出你见到他时,眼底刹那的诧异,随后是一如往常的平静。只是那一秒,我心里生出一秒的得意并烙上长长的伤痕。

五分钟后,你起身道别。出口处,你说,祝你幸福。我笑了,没有镜子我也知道那笑一定做作的难看。你转身,潇洒地弹了弹烟蒂,我的眼睛被雾化。

不觉中,竟又到了你家楼下,也不知是第几次,望着那熟悉的灯光。我猜想你在做什么,有没有想起我?或许我不该有此奢望,毕竟是你说的,我们不能认真。

可是,我输了,我爱了你。因此再也不敢堂而皇之地出现在你面前。

······

你爱我吗?我想不爱。除了那么一次,我感冒发烧,你做了我最爱的乳酪蛋糕来看我。那一次,我脑海中竟然闪过一个念头:或许与这个女人组成家庭也不错。几乎是同时,童年的创伤又一次割破结疤的皮肤,在脑海中不停地回放,定格在残忍的画面。我,还是没有勇气走进爱情和婚姻。

你从来没有问过我原因,一直好好地遵守着约定。所以,我知道你不爱我!

此刻,风萧瑟地吹着,16楼,熟悉的灯光摇曳着温暖。我想拥你入怀,真的,我想我真的需要你!

今天是周五,我们例约的日子,这多少能成为借口吧,我想。

迟疑地按了门铃,片刻门口响起细碎的脚步声,那是你走路的声音。然后你微笑的脸出现在我面前。你将我让进屋,我几乎迫不及待地想拥抱你。

刹那,我看到沙发上的男人,肢体顿时僵化。这样的时间和地点,无须做介绍,我已明白一切。我努力使自己恢复镇定,装作无所谓,我们本就是露水情缘,谁也主宰不了谁的幸福。

那男人的面前摆着一块乳酪蛋糕,看来是你精心准备的。我的心很痛,像是谁在童年的伤口上撒了盐。我起身告别,怕下一秒会忍不住落泪。离开时,我艰难地一字一字说:祝你幸福。然后伪装洒脱地大步走掉。

我不敢回头,也不能回头。这是我自己的选择。所以,只能认输。

他不知道那看似的乳酪蛋糕不过是酸奶蛋糕。那天,她鼓起勇气说,乳酪蛋糕,她只做给心爱的人吃。她说这话时,他打了个喷嚏,错过了所有。

原 料

黄油或植物油 48克
酸奶 200克
鸡蛋 4个（约240克）

低筋面粉 40克
玉米淀粉 24克
白砂糖 70克

烘焙：170℃ 中层 底层水浴
60~70分钟

做 法

1. 将低筋面粉和玉米淀粉过筛备用。
2. 将黄油切小块（或植物油）加热融化后与酸奶混合。
3. 将蛋黄与蛋白分离。
4. 蛋黄逐个加入酸奶与黄油（或植物油）的混合物中，每加一个混合均匀后再加下一个。
5. 将过筛的面粉、淀粉倒入蛋黄糊中。
6. 充分混合均匀。

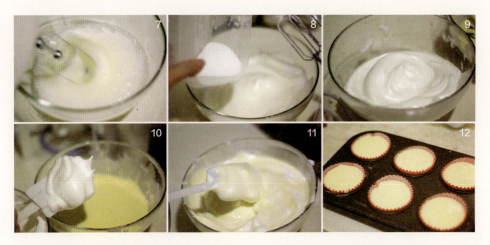

7. 用电动打蛋器低速预打蛋清。
8. 分三次将白砂糖加入蛋清中,以低速——中速——高速的方式搅拌蛋清。
9. 将蛋清打至湿性打发。提起打蛋器能清晰地看到蛋白成小尖钩状。
10. 将蛋白逐批倒入蛋黄糊。
11. 每次都要采用切拌的方式,充分将两者混合。
12. 最后倒入模具,在平板上震几下,消去大泡。放入预热过的烤箱进行烘焙。

小贴士

1. **水浴法**:将热水注入烤盘,放在烤箱底层。模具放在烤架上,放中层,或者直接将模具放在水中。
2. **打蛋白**:鸡蛋从冰箱里取出后,不必回空温,直接打即可。低速——中速——高速的方式能提高效率。
3. **关于切拌的小心得**:加入蛋白后,将蛋黄糊从底部翻起后,用刮刀在面糊上来回划"8"字。试过几个方法,此方法效果最佳。切拌的目的是为防止在混合的过程中消泡,但消泡是在所难免的。我们只需小心进行,尽量降低消泡率。
4. **成功的关键**:模具的选择是重点,尽量使用小模具。面糊不要倒满,八分满即可。下一步很关键,不同的烤箱温度不同,我给出的是我成功的温度:170℃。烤50分钟后,将烤架移至中下层,防止底层过湿和上色太深。继续烤10分钟,将嵌套的模具取出,单独继续烤10分钟即可。
5. 因为是水浴,底部会有少许湿润(俗称布丁层),属正常。成品冷藏3~4小时后食用,味道更佳。

4 香酥甜咸饼
——光阴的味道

难度：中等 ★★★★☆
时间：30分钟
价格：8元　￥8
分量：7个
口味：香酥甜咸

青砖墙，石板路，推着木车叫卖的老奶奶。

我沿着那车的轨迹步步追随，在酥饼香味的刺激下加快了脚步，那推车的老奶奶在我指尖即将触及的瞬间模糊在视线外，然后消失。

我终究敌不过似箭的光阴，电光火石间的物是人非扯断了不想放手的曾经。

熟悉的弄堂，小贩，叫卖声，奔跑的小女孩……仿佛仍萦绕耳旁唇边，其实不过是种假象，缱绻了泛黄的光阴，只能存在于脑内。

如今，到哪里去寻——丰盈我童年的味道——奶奶给予的，姥姥给予的，妈妈给予的，还有街边的叫卖——失散在成长的途中，刻骨且无奈。

只能试着自我解救，仅凭尘封的记忆。用不算年轻的手推开光阴的门，春光乍现间，有老味道倾泻进现实。

香酥甜咸饼
Crispy sweet and salty pie
光阴的味道

原　料

饼皮——
面粉 200克
植物油 30克
椒盐 5克
白糖 30克

温水 100毫升
油面——
低筋面粉 160克
植物油 70克

其余——
鸡蛋 半个（蛋液）
白芝麻或黑芝麻 适量
烘焙：190℃ 中层 上下火 25~30分钟

做　法

制作饼皮：

1. 将面粉中间窝一个洞，倒入植物油。
2. 放入椒盐、白糖、30毫升的温水。
3. 在和面的过程中逐渐加入剩余的温水，最终混合成光滑的面团。静置20分钟。

制作油面：

4. 低筋面粉中加入植物油。
5. 均匀混合成油面。
6. 将饼皮等分成7份，每个50克，揉成圆球。油面也同样处理，等分成7份。

7. 取其中一份饼皮，利用双手的大拇指，边转边按压中间，成一个窝状。
8. 将一份油面填入其中，然后收口。其他以同样方式处理。
9. 包好的饼，收口向下放置15分钟。
10. 然后取其中一份擀开。
11. 将长的那边两端向内对折。
12. 然后再对折整个饼，再擀平。重复步骤11、12，2~3次。
13. 最后整形成圆形，刷上蛋液。
14. 撒上芝麻，放入烤箱烘焙。

小贴士

1. 椒盐做法：花椒面3克和盐2克，放入不粘锅中翻炒片刻即可。
2. 擀面时不要过于用力，以免起皮。
3. 烘焙时随时观察，鼓起后，出现焦色即可。一般在25~30分钟。
4. 凉透后更加酥脆。
5. 如果用猪油代替植物油，口感会更好。

5

酸奶泡芙
——当我们窝在一起

难度：一般 ★★★☆☆
时间：1.5小时 ◐
价格：15元 ￥15
分量：3人份
口味：清爽的微甜微酸

　　十年前，我尚且青涩，怀揣激昂的青春对未来许愿：将来的我，一定要做个有钱人！十年后，成为有钱人的浮夸梦没有成真，青春拖长了尾巴等着要我好看，而我已学会满不在乎地用历练对"富有"重新定义。

　　正如河流对于山川的潜移默化，人对彼此的影响也是无声的日月积累。所以，友情于我便是这些年积攒的无形财富。当朋友们窝在一起畅聊人生中的瑕疵，彼此批判与鼓舞，我能感受到心灵的活化像一股强有力的空气将我推向豁然开朗的高度。寂寞时有人陪伴，伤心时有人倾诉，快乐时有人分享，风雨时有人共苦……我比较贪心，除了爱人，想要更多。

　　我有时会想，倘若生命中缺少了友谊，一定就像人断掉一根手指，活着但不健全。所以总喜欢与朋友痴缠，享受生命中值得记忆的片断。哪怕路途遥远，我依然愿意那样风尘仆仆地见面，然后再独自走遥遥的路回家。

　　带上可口的下午茶与朋友一起分享，友情的意义正在于此。

酸奶泡芙
Yogurt puff
当 我 们 窝 在 一 起

原料

鸡蛋 2个
黄油 55克
清水 100毫升

盐 一小撮
低筋面粉 65克
酸奶 适量

烘焙：200℃ 中层 上下火
30分钟

做法

1. 鸡蛋提前从冰箱中取出，各种材料准备齐全。
2. 将黄油、水、盐放入锅中，中火加热。
3. 在锅里的水即将沸腾时关火，倒入低筋面粉。
4. 用木筷或者木勺将面粉在锅中混合均匀。
5. 然后移入大些的碗中，用勺子将面团展开放凉。
6. 不烫手时，倒入打好的蛋液，逐次少量加入。
7. 充分搅拌，混合成滑爽的面糊。
8. 然后用圆形裱花嘴塑形，用勺子蘸冷水，将顶端的尖角压平。放进预热好的烤箱中烘烤。吃时可添加酸奶。

小贴士

1. 如果没有圆形裱花嘴，也可以用相似的工具代替。
2. 加热黄油时尽量使用不粘锅。

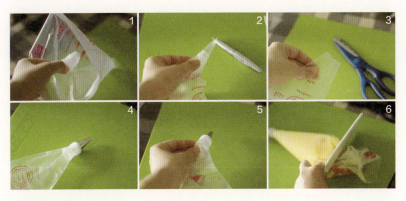

裱花嘴及转接头用法：

1. 首先将转接头拧开，下部分放入裱花袋中。
2. 找到合适的位置，就是螺纹的下沿，用笔做上记号。
3. 拿出转接头，用剪刀剪去多余的部分。
4. 然后再将转接头放入裱花袋，裱花嘴从外部套上，再拧上转接头的上部分，即可固定。
5. 将转接头周围的裱花袋塞入转接头一些。
6. 倒入奶油或者其他需要的糊，用刮板擀向前端，之后使用。

第一章 烘焙类

酸奶泡芙
Yogurt puff
当我们窝在一起

玛格丽特
——大众情人

难度：一般 ★★★☆☆
时间：1.5小时
价格：16元　￥16
分量：4人份
口味：酥香

　　玛格丽特——一款精致的小饼干，特立独行的外表带着点小姐般的娇纵，仿佛从不担心会无人喜爱。是的，这般讨巧的外形有着与生俱来的天然魅力，加之淡然的幽香，便不费吹灰之力构成致命的吸引。

　　与《茶花女》中悲情的玛格丽特小姐不同，玛格丽特饼干绝对是甜蜜的象征。虽然我没有查到此名由来，不过，能享受这甜蜜气味，其他都不那么重要了吧。

　　尝试让玛格丽特与热可可相恋，怎料造就了最佳情侣。顾盼生辉中那相得益彰的味道，你来我往又相互羁绊，就好像谈了一场刻骨的恋爱，难以割舍。

　　显然，对于不喜甜食的我，玛格丽特并没有轻易放弃，在拍摄中不时以各种姿态魅惑着我，最终，我被打败，放下手中相机迫不及待与她来一场风花雪月。

　　想要讨好一个人？那有什么难的，玛格丽特就是天然利器。

玛格丽特
Margarita
大众情人

原 料

黄油 100克
糖粉 40克
盐 1克

鸡蛋 2个（约120克）
低筋面粉 100克
玉米淀粉 100克

烘焙：170℃ 中层 上下火
15分钟

做 法

1. 黄油软化后，与糖粉和盐混合，用手动打蛋器打发（体积稍微膨大，颜色稍变浅，呈膨松状）。
2. 鸡蛋煮熟后，利用小筛网和勺子将蛋黄制成蛋黄蓉，然后与黄油混合。
3. 低筋面粉和玉米淀粉筛入黄油中。

4. 和成面团，要混合至看不见白色的面粉，整形后放入冰箱冷藏45分钟左右。
5. 从冰箱里取出后，分成10克1份，揉成圆球。
6. 将圆球放进烤盘，用手指在上面轻轻按压后，进入烤箱烘烤。

玛格丽特 Margarita
大众情人

小贴士

1. 黄油提前从冰箱中取出软化。
2. 蛋黄蓉的制作：将蛋黄放入筛网然后用勺子背按压蛋黄，蓉会从筛网中露出。
3. 低筋面粉是蛋白质含量较低的面粉，一般用于制作饼干、蛋糕。通常在超市中均可买到。
4. 一定要用动物黄油，而不要使用植物黄油。如果不好判断就看英文，植物黄油的英文为：margarine，有时会音译为马琪琳、麦琪邻等来迷惑消费者，动物黄油的英文为：butter，认准英文就不会有错了。
5. 玉米淀粉一般在超市卖生粉的地方可以买到。

7 迷你热狗
——因为是朋友

难度：一般　　★★★☆☆
时间：2小时　　◎◎
价格：12元　　￥12
分量：3人份
口味：传统热狗味道

昨天晚餐的时候，接到朋友电话，他说到了楼下想上来拿书，我说，好的，来吧。他进门的时候我和老公差不多结束"战斗"，我问他吃了吗？他说没有，我说还有菜吃不？他说好。

他边吃边和我们聊天，电视正是《第一现场》时间，我们参与着电视的互动，也顺便说说近况，好久，他要走，临了说，下个月去德国，有什么要带的提前说，譬如双立人刀具，我说好啊，我想好再统计给你。

这样很好。我不介意他的突然来访，即便是在晚餐的时间。他也不嫌弃我们没有特意准备的饭菜。真的很好，因为是朋友。

他刚走没多久，又接到另一朋友的电话，朋友说她和宝宝都发高烧了，这会儿两人正在医院打吊瓶，宝宝饿了很久，问我可不可以给宝宝送些吃的，她说她不饿，我知道她一定也饿，因为突然的打扰不好意思提出更多的请求。跟她说我这就过去，老公听出我语气中的担忧，说跟我一起去。

匆匆跑到茶餐厅买了粥和三文治，又去附近的超市买了牛奶、蛋糕，老公想起宝宝爱喝酸奶，又匆匆跑回去买。还好，到医院时粥还是热的。

宝宝躺在床上，并没有因为医院的环境而不开心，看我们来了，羞涩地躲进妈妈怀里。我和朋友聊天，她就不时插嘴要加入我们，还让我看手背上的针孔。

本想多陪她们一会儿，等母女俩打完针送她们回家。朋友说要1点多才能打完，催我们走，时间不早，老公第二天还要上班，最终没有多留。

接到朋友电话时，心里有些不好受，城市这么大，我们离得这么远，远到在对方需要我的时候却没有办法立刻出现。可是这样的大与繁华与我们有关吗？她不过是需要一碗热粥，而我不过是想去看望朋友。

见到了她，尽管满面病容，可我终究是到了她的面前，能面对面有温度地对话，心就踏实了。

从医院出来，雨还在下，顺着风的方向，输送丝丝凉意。走在雨中，心中却暖暖的，仿佛落在身上的雨滴也被瞬间蒸发。

温暖是相互的，在这个微凉的夜，我送去一碗热粥，她报以不竭的微笑。因为是朋友。

原 料

包体——
高筋面粉 180克
低筋面粉 30克
酵母 3克
糖 30克
奶粉 15克

清水 110毫升
黄油 15克
蛋液 15克左右
白芝麻 适量（装饰用）
馅——
热狗肠 适量（图中为黑椒味）

番茄酱 适量
热狗芥末 适量
生菜 适量
烘焙：180℃ 中层 上下火 15~18分钟

做 法

1. 将做面包的原料，除了黄油都放进面包机，揉搓15分钟以后，再加入黄油，糅合面团至扩展阶段后开始发酵。
2. 发酵成功后，体积变成原来的两倍大。
3. 取出面团，擀出气泡，分成6等份，进行15分钟的中间发酵。
4. 中间发酵后将面团整形为椭圆形，最后发酵30分钟。刷上蛋液再撒上白芝麻。进行烘烤。
5. 用刀侧切或者正切2/3的深度。
6. 将香肠煎过，垫上生菜夹入面包中，再挤上番茄酱和芥末。

小贴士

后油法：

黄油不和面粉、水等原料一起放，面团揉成型以后再放黄油，这样比较容易揉搓至扩展阶段。

迷你热狗
Mini hotdog
因为是朋友

8

蔓越莓乳酪蛋糕
——冬眠

难度：一般
时间：1.5小时
价格：15元
分量：24厘米陶瓷戚风模具一个
口味：香软滑

★★★☆☆
◉ ◐
￥15

第一章 烘焙类

你将我的双手捧在胸前，哈着热气，又反复揉搓，然后贴在心口。你解开大衣的纽扣，将我整个人包裹了进去。这个冬天，在你的衣内度过，真好。

我以为这是幸福的开端，是数十个温暖冬天的第一个，不曾想，有开始便有结束，而我的开始已是结束。

你说："下周我就要出国了，他们说让一个好女孩苦苦地等待四五年，是一件极不负责任的事情。"

我在你怀中努了努嘴，没有出声，如鲠在喉，我知那是哽咽，所以强忍着不出声，不出声你便不会知晓我内心千种万种的不舍。

后来，你走了，站在北京飘雪的街头，用投币电话打给我。你说，北京比家里还要冷，要我好好保重身体，你明天就要飞了。末了，你说：等我。我刚想开口，听筒却传来了忙音。我痴痴地守着电话，等待令人振奋的铃音，可惜，它像是睡着一般再未响起。或许，一元的硬币有些难找，或许，你想要说的都已说完，或许……

此后，我再也没有听过你的声音，我们在仓促中结束了最后一次对话，而我想说的永远留在了心中。我的四季被冷却得只剩冬天，思念如寒冷的空气，残忍地侵蚀我每一寸肌肤，无法捕捉，无从驱赶。站在与你相拥过的街头，幻想可能续写的篇章，将空气塑成你的形状，呼吸你的气息，假装此刻你也一样想念。

爱，从此冬眠。

是谁说"我爱你，与你无关"，若与我无关，我又怎会心痛？

爱情是此消彼长的伤痛，离我而去的不只你，还有一种信念。你从未问我的意愿，问我愿不愿跟你走，问我愿不愿等你回来。若你问起，我会说：我愿意。

原　料

色拉油 40克
牛奶 40克
盐 2克
鸡蛋 4个（约240克）

奶油奶酪 45克
细砂糖 80克
低筋面粉 65克
清水 5毫升

蔓越莓干 10克
烘焙：160℃ 中层 上下火 45分钟

做　法

1. 色拉油加上温热的牛奶、一半盐，搅拌至油水充分混合。
2. 鸡蛋做蛋清、蛋黄分离。将蛋黄逐次到入1中，混合均匀。
3. 奶油奶酪切小块，加细砂糖20克、盐，隔热水搅拌至溶化。
4. 将2分次倒入3中，每倒一次都要充分混合。
5. 之后将低筋面粉分几次筛入混合好的蛋黄奶酪中。
6. 加入清水搅拌均匀，成糊状。
7. 蛋清用电动打蛋器低速挡打散。
8. 将余下的60克细砂糖分三次倒入蛋清中，边倒边搅拌。
9. 将打到干性打发的蛋白，分次加入6中，每次都要混合均匀。

10. 最后加入蔓越莓干，混合好。

11. 倒入模具，将模具用力震几下，除去其中的气泡。放入预热好的烤箱，进行烘烤。

小贴士

1. 过程中出现最多的是"搅拌"。每次搅拌的作用、手法都略有不同。前面几次都比较简单，充分地利用手动打蛋器或勺、筷等物充分地搅拌就可以了。步骤9中，需要用到切拌的方式：利用刮刀将面糊从底部捞起，在盆中来回划"8"字，再用刀刃像切菜一样切面糊，以达到充分混合的目的。这样做是为避免蛋白消泡，影响蛋糕的松软口感。

2. 轻松打发蛋白的方法：左手抬高盆的一边，右手持打蛋器。先低速打散，再最高速打，边打边用左手旋转盆，很快就能打至干性打发。

3. 此方适合18厘米的贝印模，我用的是内径为24厘米的陶瓷模具。不粘，容易脱模，而且随意性比较大，用料方便控制。

9

花式果干面包圈
——你的婚姻谁做主

难度：中等
时间：4小时
价格：15元
分量：24厘米陶瓷戚风模具一个
口味：甜软中带酥脆

★★★★☆
◎◎◎◎
￥15

小武今年快40了，就算对于男人也几乎过了适婚的年龄，可他却迟迟未婚。不是没谈过恋爱，也不是没遇到过所爱。如果爱情只有相爱，婚姻只有爱情，估计世间也就不会如此多痴男怨女。

早年小武因工作辗转，总以为会有大作为，结果近40岁事业并无明显起色，看上的女生因不能得到房子、车子，最终现实地分手。

后来遇到真心相爱的人，一起的两年幸福不可云，多少爱情死在北京的高房价上，俩人却坚持"在一起"的单纯信仰，决定离开大都市回到二线城市创家、立业。

在一切就绪的节骨眼儿上，小武的父母及时"悬崖勒马"。主宰得了爱情却主宰不了婚姻——现实有时就是如此可悲，顽强抵抗拼不过老爸老妈的以死要挟。被坚决反对的原因可能就连非爱情至上的人看来都有几分可笑——女方既然不能在事业或生活中提供任何便利，就不要阻挡儿子的大好前途。他们以为在北京当个屁，比去小城市当团氧气更让人舒坦。

我旁听过小武的几段爱情，那次算是最刻骨铭心的。此后小武更加明白一个道理——爱情可以随便谈，婚却不能随心结。

既然如此，何必恋爱。

又过了几年，他父母终于觅到如意儿媳——一个缺乏个人能力却有背景的女人——听说铁路有关系，医院有门路。没有爱，至少小武不爱她。不过，他父母爱她的背景，于是，两人结了婚。

孝顺的小武用婚姻成全了父母的便利，在我等眼中也成了笑话。我的笑有一些鄙夷——多么自卑和自私的父母啊——一方面觉得儿子不够能力提供良好条件要找人弥补，一方面为找到好儿媳而自豪。多个人就能一辈子坐火车、看病不花钱，真是合适的"买卖"啊。

小武是什么？是婚姻买卖中的砝码？是换取便利的傀儡？别说这是过来人的经验，是为了他好，以后就会明白。年代变了，经验已不适用。一辈子那么长，好不好谁知道？眼下就不美满，想那么远有何用？

我妈对我的爱情观点是：我的生活由我自己做主。我很感激她说了这样的话，这句话不仅是认同更代表信任。我们左右不了背景，却可以影响前景。小武的父母一定没搞清楚这点：任何可以用钱换到的商品，拥有价格未必有价值，而有价值的东西，譬如一种信仰、一生幸福，错过往往一辈子不会再遇到。幸福产生的动力，所创造的价值，转换为价格是无法估算的。这么看来，只在意眼前利益的他们，这笔"买卖"亏大了。

原料

牛奶 160克
酵母 6克
高筋面粉 350克
糖 30克

盐 2克
黄油 30克
果干 60克（圣女果、蔓越莓、葡萄干、核桃）

烘焙：190℃ 中层 上下火 25~30分钟

做法

1. 温热牛奶后，将酵母加入，搅拌均匀，静置5分钟。
2. 与面粉、糖、盐混合。用面包机和面20分钟后，加入切成小块的黄油。
3. 利用空余时间，将各种果干切成小块颗粒。

4. 揉面至扩展阶段，或者拉扯中破洞边缘光滑的阶段，加入果干碎，继续揉面10分钟。然后静置发酵至两倍大小。
5. 发酵好的面团，用擀面杖擀去其中的气泡，分成均匀的6份，上覆盖保鲜膜或屉布松弛15分钟。
6. 然后用擀面杖将面团擀平，卷起。

7. 搓成长条后，打一个结。
8. 摆入模具中，上覆盖保鲜膜或屉布最终发酵45分钟。
9. 最后放入预热好的烤箱中烘烤。适度上色后可加盖锡纸以防上色过度。

小贴士

1. **更好的发面法**：如步骤1所示，40℃的温度能更好激发酵母活性。
2. 了解所用面粉的吸水性，以及天气湿度，调整水分的多少。有些朋友经常会有这个疑问，为什么明明与方子上用一样的水量，揉出来的面总是粘手或者很干。原因正是因为没有考虑到面粉的种类及环境因素。
3. **关于黄油**：使用面包机和面时，添加黄油后会增加面团湿滑程度，降低和面效率，可以取出用手和一会儿，也可以撒上些面粉，使其能较快混合。
4. **关于果脯类的添加**：如果果脯不用朗姆酒浸泡，在和面时黏合度会不太好，容易掉出。如果使用浸泡后的果脯碎，记得在和面团混合前沥干水分，并撒上少许面粉。

花式果干面包圈
Fancy dried fruits bread
你的婚姻谁做主

10 椰香酥饼
——最爱好天气

难度：一般简单 ★★☆☆☆
时间：1小时 ◉
价格：10元 ￥10
分量：4人份
口味：香酥

  我最爱的天气不能笼统地归为晴天或雨天，更准确地应该是：夏日里的阵雨和冬日中的暖阳——这样的天气有了被祝福的气质，哪怕一整天无所事事，也觉得幸福到无可救药。

  就那样懒懒地坐着或躺着，在温暖日光的笼罩中，读一本好书，再来份有酒和甜点的下午茶，美好得无可挑剔。这么想要如此美景，于是趁日光来袭前，烤些饼干，椰子的香气逐渐地弥散出来，霸道地侵占了每个角落，与刚好降临的日光交汇出最形象的活色生香。

  我想，人生有如此美景且有心欣赏的机会并不多得，为何不趁着有心有力多款待自己一些，轻松地过一个放空的周末，好好舒展内心，不是每个冬日都会慵懒得有价值。

椰香酥饼
Coconut cookies
最爱好天气

甜点，再甜一点

原料

黄油 60克
白糖 40克
椰浆 40克
香草精 几滴

低筋面粉 140克
泡打粉 2克
盐 2克
椰蓉 40克

烘焙：180℃ 中层 上下火
18~20分钟

做法

1. 黄油软化后与白糖充分混合。
2. 加入椰浆，搅拌均匀。
3. 再滴入几滴香草精，混合均匀。
4. 将低筋面粉和泡打粉筛入黄油混合物中，再倒入盐。
5. 加入椰蓉后，用手混合成面团。
6. 分成每份15克，用手团成圆球。
7. 再用叉子在面团上按压，横竖各一次，使其成饼状。放入预热好的烤箱烘烤。注意观察颜色的变化，表面微焦即可。

小贴士

1. 低筋面粉在烤饼干时必须过筛，以防面粉结块影响口感。
2. 黄油软化后要与白糖充分搅拌。
3. 一定要注意观察烘烤的情况，以免烤过。在烘烤过程中如果发生一边上色深一边上色浅的情况，可将烤盘取出掉头后接着烘烤到均匀上色。
4. 将烤好的饼干从烤箱取出，自然风干后再从烤盘中移出。

椰香酥饼
Coconut cookies

最爱好天气

阿拉棒
——真相需要去探索

难度：简单 ★☆☆☆☆
时间：80分钟 ◐◑
价格：8元 ￥8
分量：零食
口味：蛋香

阿拉棒Grissini，血统纯正的意大利硬面棒。生来一副婉转刚毅的模样，即使在唇齿与之接触的一瞬间，你也无法改变如此看法。

不过，只消一秒，稍加用力落到实处，"咔嚓"一声，它便来了个干净利索的粉身碎骨，高傲得很。

事情就是这样奇妙，阳刚外表与酥脆的心，咀嚼后唇齿便留下喝过水也冲不淡的浓郁蛋香。这般的表里不一，连我也困惑了。

想起前阵子去游乐场玩，老公硬要拉我去上跳楼机，我登时就急红了脸。每次坐海盗船都头晕目眩的我，跳楼机实在无福消受啊。

海盗船从最高点荡落下来时，心脏飞出身体的失重感，使我整个身体有种无所适从的感觉，难受似灵魂脱壳。

老公乐呵呵地从跳楼机上下来时，我正在享受美味的自制阿拉棒，他拽起我就走，边走边信誓旦旦：真的一点都不难受，特好玩，我保证！你得信任我！……balabala地，誓死也要说服我。

当我缓缓升高，倒被眼前的景色惊到了。那些山啊，水啊，越来越小，小到好像小人国的产物，眼中容纳的风景却越来越多，见过没见过的全来了。What a wonderful city! 我被造物者的鬼斧神工吸引着，忘了紧张。

忽然"唰"的一下，眼睛模糊成彩色的一片，头发向上飞翘，身体也起飞似的完全脱离了座位，心脏竟没有丝毫不适，我兴奋到大叫，那感觉真的好似飞一般的自由啊。

虽不知其中原理，但我庆幸被强迫着做出尝试，若不是如此，我会一直相信先入为主的自我判断，将它永远打入"冷宫"，错失绝妙的体验。

停留在表象，真相永不会自己浮现。去探索吧，这是个奇妙的世界。

原　料

黄油 10克
鸡蛋 1个（约60克）
糖粉 30克

低筋面粉 130克
黑芝麻 少许

烘焙：180℃ 中层 上下火
20~22分钟

做　法

1. 黄油软化后，倒入打散的蛋液（留一些涂抹表面用）。
2. 再倒入糖粉，用勺子将黄油与蛋液、糖粉充分搅拌均匀。
3. 然后加入低筋面粉。
4. 用勺子搅拌在一起。
5. 和成面团，静置松弛30分钟。
6. 将完成松弛的面团擀成约4毫米厚度的长面皮。
7. 用锋利的刀切断面皮，宽度也在4毫米左右。
8. 将切好的条，拧成螺旋状，静置15分钟，再涂上加了黑芝麻的蛋液。放入预热后的烤箱烘烤，烤至表面金黄即可。

小贴士

1. 黄油自然软化,用手指能轻松按压出指印,但不要到融化的程度。
2. 鸡蛋提前从冰箱中拿出,恢复到室温。
3. 每一次搅拌的过程都要充分地搅拌均匀。

阿拉棒
Grissini
真相需要去探索

12

牛奶餐包
—— 适合你的才最好

难度：中等　★★★★☆
时间：2小时　◉◉
价格：15元　￥15
分量：10个
口味：松软香甜

第一章 烘焙类

近年养生类节目风靡，无论哪个台都有这么一档节目，命运与"四爷"如出一辙。

刚开始时，对一众专家深信不疑，信到拿纸拿笔特正经地记录，旁的人不能打扰，我这儿正用功呢，谁骚扰跟谁急。

专家教的技巧太多，一项坚持不了几天就得更新。记过一本后，竟发现专家们的话怎么互相拧巴着矛盾呢。A说这么做不对，B说这么做特对，C说可以这样也可以不这样，看吧，还是C比较聪明……

众专家们比较靠谱的是普遍认为：早餐那是相当重要的！不吃会死！（当然是水滴穿石的结果）对此观点本人举手赞同。因为我曾以身试真理，结果身体状况急转直下，专家们说到的种种弊端一毛钱都没落下的全都兑现，比圣诞节的愿望强多了。

专家们还说：早餐要有蛋白质、碳水化合物、维生素等。具体为：面包、牛奶、肉、蔬菜、水果等。

I am sorry，如果这些全部下肚，不但午餐，就连晚餐也省去了。如此照样会挂掉吧。当然，这只是针对我个人而言。

我的胃总是比头脑清醒的还晚，要让我一起床就大吃大喝那就跟早起背诵英文单词一个效果——霸王硬上弓，一点都不爽！

经自我调整，找出最最适合的早餐，才是王道。

譬如我：面包一小个、牛奶一小杯或者麦片加腐乳、鸡蛋，就能吃到爽歪歪，爽得恰到好处。水果？come on，可以放在10:00~11:00的时候嘛，补充能量顺便减少午餐摄入量。

那啥，谁也别批评我的早餐结构，我就觉得这么吃充满了力量，就跟大力水手似的，他还不如我呢，偏食得要命，结果那胳膊照样壮得跟蟹钳子似的。

所以咧，有事没事多琢磨自己的身体，别总琢磨专家的话。专家又不是你妈，你妈也不能比你了解自己！

原　料

牛奶 125克
酵母 4克
蛋液 50克
高筋面粉 250克

砂糖 38克
食盐 5克
黄油 63克
蛋液 10克（上光用）

烘焙：210℃　中层　上下火
10~12分钟

做　法

1. 将牛奶稍微加热，大概约30℃（不烫手即可），然后与酵母混合，静置5分钟。其他原料（除黄油、上光用蛋液外）倒入面包机，若是用手和面同理。
2. 将牛奶倒入面包机，然后选择发酵挡（带和面与发酵）开始和面，大约20分钟后放入黄油，再继续和面20分钟。
3. 将面和至有麸质的网状结构状态，就可以停止。

4. 和成光滑的面团，发酵1小时。
5. 发酵好的面团用手掌或擀面杖按压排气，然后平分成10个面团，每个大约50克。用屉布或保鲜膜覆盖松弛15分钟。
6. 取一个面团用手掌压平成椭圆形，然后取上下各三分之一处向内对折。

7. 利用双手滚动面团两端，让两端变得细一些。

8. 进行45分钟的最后发酵，使面团发酵至原先的两倍大小。

9. 最后涂抹上蛋液，用剪刀剪出些切口。放入烤箱烘烤。

小贴士

1. 若没有面包机，用手来和面，希望能够用撕拉加摔打的方式，这样会比较有效达到出膜的状态。另外，耐心与耐力是不可少的。

2. 最后发酵时，面团体积变大，摆放时相隔远一些，避免粘连。

牛奶餐包
Milk bread
适合你的才最好

13

黑加仑乳酪贝果
——给贝果最甜美的心

难度：中等 ★★★★☆
时间：2小时 ●●
价格：15元 ￥15
分量：6个
口味：松软香甜

第一章 烘焙类

一年前做过一次贝果，那些只有前因不见结果的图片，至今躺在我的电脑中，没舍得delete。为什么？Come on，当然是因为……失败了。

好吧，我承认这是种耻辱，谁不是受了耻辱后决定奋发图强的。话说，一年的努力也不是白费的，当然，这还得看结果。至少目前成功的次数远胜于失败的。

为一雪前耻，什么原味贝果、芝麻贝果这类初级的贝果请你们靠边站，咱要来就直接……哦，好吧，也没有高级到哪里去，不过是多了点华丽的小内涵，这事儿比小清新靠谱。

多点内涵就立马华丽转身，除了堪比橡皮筋的劲道口感外，还有了能让心情甜美一整天的乳酪黑加仑哟。不说谁也看不出，可吃到时就有种赚到了的惊喜。

关于这点，我老公一定没体会到。他是抓起来就吃的主儿，不会知道冷却后还需要用微波炉稍微热一下的道理。那好，就当作带馅面包吃吧，也不错。

若是原味贝果，切开来抹上果酱、黄油……反正你可以以馋嘴为由，加入任何想加的东西。吃到停不了口是必然的，这事儿你不能怪我。

甜点，再甜一点

原　料

面团——
中筋面粉 175克
低筋面粉 75克
细砂糖 15克
盐 3.5克
干酵母 2.5克
凉水 150毫升

黄油 10克
馅料——
奶油奶酪 40克
糖粉 15克
牛奶 1小匙
玉米淀粉 5克
黑加仑干 15克（切碎）

糖水——
水 1000毫升
糖 40克
蜂蜜 10克
烘焙：220℃ 中层 上下火 12分钟

做　法

1. 将面团原料除黄油外，混合。注意不要使盐与酵母触碰。
2. 后加黄油，揉至扩展阶段。
3. 然后静置（上面覆盖屉布或保鲜膜）45分钟发酵。

4. 利用面团发酵的时间，可以来制作馅料。将奶油奶酪放至软化，然后与制作馅料的其他原料混合均匀即可。
5. 发酵好的面团体积为原先的两倍大。
6. 用手掌或擀面杖按压排气。分成大小均匀的6份，静置15分钟。

7. 将面团擀成椭圆形，然后铺上馅料。
8. 卷起来成圆柱状。用擀面杖将一端大约2厘米擀扁，另一头搓成略尖的形状。
9. 然后圈成一个圆环形状，注意接口的位置要尽量的压紧（可利用少量水做黏合剂），静置20分钟。
10. 糖水料混合后，放在火上煮沸，糖完全溶化且充分混合后放入面团氽40秒。
11. 捞出后要充分的沥干。放入烤箱烘烤。

小贴士

1. 贝果有嚼劲的口感是怎么来的？淀粉的糊化与固化让贝果产生嚼劲。面团放入热水吸收了水分后，里面的淀粉会逐渐变得稠稠的。淀粉的糊化是从温度约55℃时开始，到85℃时结束。由于沸水的温度大约在100℃，这就表示水煮好的面团，糊化已经结束了。在用烤箱加热后，就会固化，不会再继续膨胀了。此时，贝果特有的嚼劲就产生了。冷却后，如果再用烤箱或微波炉加热，它的嚼劲就会恢复。

2. 也可以用高筋面粉来制作贝果。既然知道了贝果特有的口感是如何形成的，所以用中筋面粉与低筋面粉做贝果也是可行的。

3. 可以根据自己的喜好来加入不同的馅料。

4. 此次是采用了二次发酵的方法，也可以尝试一次发酵来比较两者有何区别。

14

抗春困的红茶蛋饼
——无油也香甜

难度：一般　　★★★☆☆
时间：50分钟　　◉
价格：6元　　￥6
分量：2人份
口味：松软香甜

我并不知道春困可以如此深邃地影响到我，至少在过去的年月中并无此番深切的体悟。

怕是如今不同往日，给别人打工时不起床牵扯到"钱"途，剩自个儿就会产生"好舒服，多睡一会儿吧"的念头，几个"一会儿"下来，便舒服到了中午。

这几日很是自责的，起床晚了，一切都变得无序，日子也过成了凑合，原本不宽裕的时间被睡了过去，全然失去自律。好吧，既然不得自律要领，不如请别人帮着约束言行。

昨儿临睡前请先生帮忙，求他一早起身时顺道叫上我，并叮咛："一定要叫到我起床才可以去上班哟。"先生无奈摇头："哎，那我一定会迟到。"

到了今早，他先是起床洗漱，我在被窝中暗自得意："哈哈，居然忘记叫我，太好了，太好了，可以心安理得睡下去。"

过了一会儿，"老婆，起床了，快起床。"先生轻晃着我。

"我不要，我昨晚没睡好。"无赖如我，你怎奈何？

"别赖床了，昨晚说好的。"以坚韧抵无赖，你赢得了吗？

我翻了个身，留下销魂慵懒的背影，写满鄙夷："那是开玩笑的，傻子才会相信。"

"！！！"

1分钟后听到关门声。

PK完胜，继续蒙被睡至自然光景。

无耻到了极致，自己也会不好意思。白天靠茶叶、咖啡过活，饮茶时想到，反正零食总要吃的，何不做上一款有茶香的饼干，既过了嘴瘾又能提神醒脑，bingo~原来我一动脑就连天才都会怕耶！（天才说：谁要跟你比啊！！！）

红茶与鸡蛋的混搭没想到如此出彩，烤过的红茶在口中留香持久，而且全无涩感，真是好吃到爆。

吃着这款饼干工作，想犯困都难，因为嘴和手都不停在工作嘛，哈哈。（好嘛，原来抵御春困的秘诀在这里……天才表示很有压力！）

甜点，再甜一点

原 料

鸡蛋 2个（约120克）　　低筋面粉 60克　　　　烘焙：180℃ 中层 上下火
糖粉 50克　　　　　　　红茶包 2个　　　　　　12~15分钟

做 法

1. 将刚从冰箱取出的鸡蛋做蛋白与蛋黄的分离。打散蛋白至起泡，然后加糖粉。
2. 用电动打蛋器打蛋白至能够挂在打蛋器上为止。
3. 然后加入打散的蛋黄，搅拌均匀。
4. 将低筋面粉过筛后，倒入3中，再加入拆开的红茶包。
5. 将面粉搅拌均匀后放入冰箱冷藏30分钟。
6. 取出面粉装进裱花袋中，在烤盘上随意挤出形状，放入烤箱即可。

小贴士

1. 鸡蛋要趁比较冷时用于打泡。
2. 没有红茶包，可以用研磨机把红茶打成粉。
3. 烤盘注意垫上油纸或油垫，如果没有请事先用黄油涂抹烤盘。
4. 面糊一定要冷藏后再放入裱花袋，挤出的形状才漂亮。
5. 这是一款带有茶香的小饼，虽然没有黄油却也非常好吃。口感比较松软，而非酥脆。

抗春困的红茶蛋饼
Black tea cookies
无油也香甜

15

双色慕斯
——这样也好

难度：中等
时间：做2小时，等待成型4小时
价格：8元
分量：6寸模具一个
口味：绵糯甜软

★★★★☆
￥8

感受到背后包中手机的震动，秋筱暗自松了口气。一小时前还在自家的床上周游列国，一小时后已坐在露天咖啡馆与分手4年的前男友四目相对。

秋筱暗赞自己的聪慧，在临踏入咖啡馆前的5分钟，果断地给最好的朋友打了电话。遵照以往的经验，对方问到，"还是10分钟吗？"秋筱想了想，心一软道："半个小时吧。"

EX用20分钟简单描述了自己在外国的苦难生活。然后开始自顾自地做解释，鲜有电话联系，是因为赚钱太难，就连与自己父母也难得通一次电话，至于Email也欠奉，则是打工、读书太忙没有时间、精力上网的结果。

"我们都已经分手了，没有必要说这些吧。"秋筱悻悻然地说道。

"分手？我们从来没有说过分手啊。"EX装出一脸的疑惑和无奈的神情。

对，他是从来没有说过，可一走了之、断绝联系的行动不比语言来得更猛烈吗？

秋筱突然想笑，对面这个人的演技真的可以去考一下无线娱乐班，为近年一蹶不振的香港影视圈推波助澜。

"我知道不该没有交代地走掉，之后也没有跟你联系，唉，希望你原谅我。"

4年了，该哭的该恨的都过去了，如今就连怨都懒的费心思。恨一个人也需要恒心，秋筱自问没有，或许是真没有，或许是爱得不够深。

"你也老大不小了，再剩就真成了'必剩客'，当初你不是说过嘛，找个人安稳地过日子，如今我回来了，能给你安稳的日子，你又何必再辛苦去找呢？"

秋筱懒得争辩，真是个头脑简单的家伙。4年可以发生很多事，凭什么他就吃定自己会为他守身如玉，等成贞节牌坊。

"剩女"又不是隔夜菜，一定会进垃圾桶。"剩女"也可以是奢侈品，不是没人要，只是够不到。当然这只是秋筱私下自我安慰的言论。

救助电话就在这时适时地响起。秋筱心中暗赞好友的靠谱，嘴上把"Honey"喊的越发甜腻，连自己都不由泛起鸡皮。

"靠，你至于嘛。不就是一男友嘛，还是前任的。你就不能直接跟他说没戏，你早成磐石了，任谁都戳不动的那种！"

好友独有的表达方式秋筱早已习惯，无奈此时没法远离高分贝的听筒，只得伪装神秘感，用手捂住。继续娇羞地说："好的，亲爱的，那等下见。"

挂掉电话，正是离开的好时机，秋筱趁热打铁道："不好意思，男朋友约我看电影，我先走了。"

"吃完蛋糕再走吧，是你最爱的草莓慕斯。"EX用手指了指她的面前。

秋筱这才注意到面前的糕点，甜嫩的粉色，有与她年龄不符的幼稚感。她站起来微微欠了欠身体道："对不起，我转了口味，这玩意我4年前就不再吃了！"

说完，将手袋往身后一甩，轻快地朝出口走去。秋筱想，此刻他肯定正望着她洒脱到掉渣的背影蓦然失落。就像4年前，她从被泪水淹没的眼中望着他模糊的背景越走越远。

那天她的面前也有一盘粉色的草莓慕斯，与她稚嫩的脸遥相呼应。

她把最爱的颜色和蛋糕混着泪水胡乱吞下肚子。然后擦了擦眼泪，走了。

从此，她戒掉了他、粉色、草莓慕斯，还有爱情。

甜点，
再甜一点

原 料

海绵蛋糕——
鸡蛋 2个（约120克）
白砂糖 50克
低筋面粉 60克
植物油（或黄油）10克
紫薯层——

紫薯 150克
牛奶 20克
鱼胶粉 5克
酸奶层——
酸奶 160克
白砂糖 40克

柠檬汁 10毫升
鱼胶粉 5克
淡奶油 120克
烘焙：180℃ 中层 上下火 25分钟

做 法

制作海绵蛋糕：

1. 将鸡蛋放入盆中，用打蛋器低速挡打散。
2. 打散鸡蛋后，加入白砂糖。
3. 以隔水加热的方式，使糖溶化、混合。
4. 然后停止加热，用电动打蛋器高速挡搅拌，搅拌时将盆倾斜放置。
5. 搅拌到提起时，材料会缓缓流下，具有一定硬度即可。再转为低速挡，调整气泡大小和细致程度。
6. 蛋糊的稠度以将牙签插入约1厘米左右、牙签可以保持垂直不倒为标准。

7. 将过筛后的低筋面粉缓缓倒入蛋糊，然后用切拌的方式大面积拌匀。
8. 加上植物油慢慢拌匀。
9. 将面糊倒入6寸模具中，稍大力在桌面上磕几下，消去大的气泡使表面平整。烤箱预热后，放入烘烤。
10. 烤好后，由烤箱取出，静置冷却5分钟。
11. 将蛋糕刀插入模具侧面，环绕一周脱模。
12. 烤好的蛋糕分成两层，取一层放入蛋糕模待用。

制作紫薯层：

13. 将紫薯洗净，放入锅中煮熟。
14. 煮好的紫薯去皮，用勺子背面将熟透的紫薯碾碎。
15. 分次倒入牛奶搅拌均匀成很黏稠的糊状。

16. 提前用15毫升的冷水浸泡5克鱼胶粉，然后隔热水加热至完全溶化，取出。恢复室温后倒入紫薯糊内搅拌均匀。
17. 用勺子将紫薯糊涂抹到蛋糕上。
18. 用勺子或者刮刀使表面平整。放入冰箱里冷藏15分钟。

制作酸奶层：

19. 将酸奶和白砂糖搅拌均匀，如果有颗粒感可隔温水搅拌。
20. 然后加入柠檬汁再次搅拌均匀。
21. 鱼胶粉的处理方法同上。缓缓倒入酸奶中，边倒边不停地搅拌。拌匀后，放入冰箱冷藏20分钟，使酸奶产生一定的硬度。
22. 从冰箱取出后加入淡奶油，搅拌均匀。
23. 将蛋糕取出，倒入制作好的酸奶材料。重新放入冰箱冷藏4小时以上。
24. 用热毛巾或者吹风机围绕模具加热，可帮助顺利脱模。

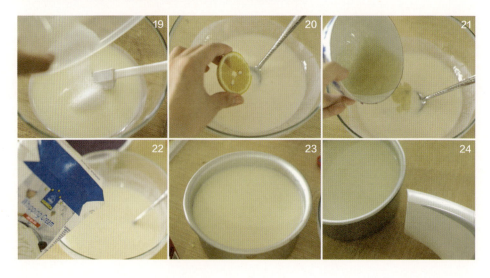

小贴士

1. 制作海绵蛋糕的难点在于：筛入低筋面粉后如果搅拌过度容易消泡，导致蛋糕发不起来。如果没有搅拌均匀，则烤好的蛋糕容易存在白色未散开的颗粒。应用刮刀的侧面将面糊由底部翻起，再用正面切拌，动作要轻。
2. 关于鱼胶粉：鱼胶粉不同于鱼胶片（吉利丁片），在用时一定要一次性加入足够的冷水。注意是冷水，加热水会使鱼胶粉结成絮状。冷水加入后，搅拌均匀，这时鱼胶粉会变成透明的颗粒，然后再隔热水搅拌，使之完全溶化。
3. 往材料中加鱼胶粉时应注意，一要慢，二要不停的搅拌，以防絮状结晶。
4. 方子中没有黄油，糖的用量也很少。紫薯层完全依赖本身甜度已足够。

Double color mousse 双色慕斯
这样也好

16

绿茶酥
——心情小点

难度：一般 ★★★☆☆
时间：1.5小时 ◉◑
价格：10元 ￥10
分量：18个
口味：香酥

    今天风很大，坐在房内，门窗紧闭依然能听见呼啸而过的风声，像是席卷新仇旧恨般来势汹汹。雨，忽下忽停，天空幽暗，阴郁得似乎随时有可能坠落。

    我不知死活，任由情绪放纵，选了一部悲味儿十足的老电影——《悲伤电影》静静观赏。我知道，在某个时刻眼泪一定会忍不住掉下来，然后止不住地流很久，很久。或许，这就是我想要的吧，用别人的悲伤掩盖自己的，谁了解其实那眼泪不止为电影。

    马虎地应付了午饭，心情依然阴郁如窗外的天气。于是想到了老招数，利用美食解锁郁闷。都说甜食能让心情放松，看来今天注定会有一款甜点诞生。想到家中尚未找到出路的做月饼剩下的红豆沙和黑芝麻，为解决这一历史遗留问题顺便来点小清新，绿茶酥就这样促成了。

    小小的一粒粒，装点了空间，也清新了心情。就是这般固执地爱做美食，不仅仅为追求生活的品位，也贪恋慢慢释放心情的过程。

绿茶酥
Green tea cookies
心情小点

原 料

水油皮——
中筋面粉 150克
细砂糖 35克
植物油 40克
水 60毫升

馅料——
红豆沙黑芝麻馅 360克
黄油 15克

油酥——
低筋面粉 100克

植物油 50克
绿茶粉 3克
烘焙：180℃ 中层 上下火 25分钟

做 法

1. 将做水油皮的中筋面粉中窝洞，洞中加细砂糖和植物油，然后混合时逐渐加水。
2. 糅合成光滑的面团。
3. 红豆沙、黑芝麻和软化后的黄油均匀混合在一起，两者的比例可自己掌握。

4. 将馅料分成大小相同的20份待用。
5. 将油酥的所有原料混合，也采用与水油皮同样的方法和好。
6. 将水油皮压扁，油酥放入其中包裹起来。收口向下放置。

7. 压平包好的面团，擀成长方形。
8. 像叠被子一样，将左右两端往中间对折。
9. 再对折。

10. 再次擀成长方形。并将8、9的动作重复两遍，最后擀成长方形。
11. 将面皮卷起成圆柱状，等分为20份。
12. 取其中一份，按压。

13. 像擀饺子皮一样擀成圆片。
14. 将馅放入，包裹起来，收口向下。
15. 其余同样处理。烤箱预热好，装入烤盘烘焙。

小贴士

1. 如果将植物油换成猪油效果会更好。
2. 馅料可以根据自己的喜好来定，也可以做成肉馅的。

17

黄金燕麦酥
——母亲节的感恩礼物

难度：一般简单　★★☆☆☆
时间：40分钟
价格：10元　￥10
分量：3人份
口味：香酥

第一章 烘焙类

回家探亲，早起拖着妈妈与我一起去喝牛肉汤，要知道这一碗汤是在外游子日夜思念的，只有起床够早，才能喝到味道醇浓的头锅汤。我生性懒散，却肯为头锅汤奋不顾身地早起。怎料妈却不十分乐意："你去喝吧，我在家吃麦片就好了。""麦片有什么好吃，寡淡无味，人家给你多少代言费啊，这样日夜吃麦片的。"我十万个不乐意，无人陪同，好汤也黯然失色。"净瞎说，牛肉汤油腻，不适合我了。"妈转身走向厨房。但拗不过我百般哀求最终还是一同去喝了汤，还像自我叮咛般说道："就这一次啊。"

妈打电话给我，要我多喝奶，少喝饮料，如果可以用牛奶来冲麦片是最好的。我忙着应声，事后忘的利索。

妈来探望我，看到屋内摆着一箱奶，便放心下来。晚饭后拉着我去逛超市，只为买一包麦片。第二天的早餐，果然如我所料是麦片粥，我皱起眉不愿去喝，因为之前减肥，餐餐都是白水煮麦片，吃到口淡心也淡。妈看出我的不满，泰然自若道："尝尝。"为这早起煮早餐的辛苦，我给足面子喝了一大口，正打算狠心吞掉，舌尖却传来不一样的滋味。"是咸的耶，好香啊。"我惊呼着。妈得意起来："亏你还号称美食家，却不知花些心思在好食物上，现在牛奶也不十分安全了，麦片还是信得过吧。里面可是下足了真材实料啊，有瑶柱、虾干，要多喝几碗。"我头点如捣蒜，嘴巴一刻不停地贪恋着粥。

有妈的近身照顾与调教，把麦片料理得十分出彩：甜的、咸的、煲成粥的、烙成饼的……我也逐步不可自拔地陷进麦片料理中。一日，我对妈讲："今天给你展示个不一样的麦片做法，保准你没吃过。"妈见我拿出电子秤、翻出烤盘，谜底也解开多半："烤饼干是吧？吃过啦，超市都有卖嘛。"我笑望着她："我说的没吃过，是指我亲手做的嘛。"妈不语，转身时眉眼间的皱褶已出卖她的满心欢喜。

原料

橄榄油 50克
鸡蛋液 30克
白砂糖 50克
低筋面粉 100克

即食麦片 35克
黑加仑干 20克
泡打粉 2克
小苏打 2克

肉桂粉 2克
烘焙：170℃ 中层 上下火 20~25分钟

做法

1. 取一干净容器，将橄榄油与打散的蛋液倒入。
2. 加入白砂糖。
3. 用手动打蛋器均匀混合，轻柔搅拌，不要起泡。
4. 将剩下的原料倒入另一个较大的干净容器内。
5. 用刮板混合均匀后，再将3倒入。利用刮板搅拌，直至无白色粉末。
6. 把混合后的面团等分，大约20克一个。用手蘸少许干面粉搓成球。放入烤盘，完成烘焙。

黄金燕麦酥
Golden oatmeal crisp
母亲节的感恩礼物

小贴士

1. 橄榄油可用植物油代替，如果是给老人吃最好使用橄榄油。
2. 也可加入少许红糖，这样味道更香。
3. 泡打粉记得选择无铝的。
4. 烤饼干时烤盘中需垫上油纸或锡纸，方便取下饼干。刚烤好的饼干酥脆异常，若这时急于取出，容易"粉身碎骨"，凉透之后取出就会好很多。
5. 低脂、低糖、高纤维的一款饼干，味道、口感都很棒，表面还有漂亮的自然裂纹，吃过一次便忘不掉。

18

舒芙蕾
——味还在，形已逝；爱还在，情已逝

难度：一般　★★★☆☆
时间：1小时　◉
价格：15元　￥15
分量：2个
口味：绵香

第一章 烘焙类

今天在论坛群里听朋友七嘴八舌地议论着一件事。我中途看到，一头雾水，遂将话题从头翻阅一遍，寒意渐由心生。

故事是这样的，哦，不能说是故事，这是真实的事情，因真实更显悲切。一个女生与老公结婚3年未能成功受孕，她并没有放弃希望，一直四处求医。在家庭与周遭的辗转流言中，她最渴望丈夫的理解与支持，而他对她的热度却在逐渐消退。

尽管将心思几乎全部投入了对孩子的渴望中，女人的敏感依旧存在，丈夫拙劣的演技又不时出卖自己。有一天，最不堪想象的真相残酷暴露在太阳下——丈夫亲昵地搂着一个女人出现在街对面的转角，脸上的笑容让她产生错觉，那真的是他吗？原来他是会笑的，只是她已经忘记。而后她感到一阵眩晕，麻木地跌坐在人潮涌动的大街上，也顾不上礼仪、脸面，哭到崩溃。

此后的她全然不知所措，茶饭不思，有天晕倒在公司里。再醒来时，已在医院，婆婆笑盈盈地端水给她，就连丈夫也好似回暖。她又觉得是幻觉了，婆婆抓过她的手激动地说："你，你怀孕了！"说着老泪纵横。

"怀孕了？竟然是在这个时候？老天，你不是在玩我吧？"她苦笑着想。上天终于为她打开一扇窗，却是在关掉所有门之后。这扇小小的窗户能够投进阳光吗？能够通往她想去的未来吗？

在她还未及有勇气面对未来，丈夫先一步下发了最后通牒，只是通知，全无商量的余地：生男孩可以不离婚，生女孩则要离婚。

就让此事定格在最黑暗的画面中吧，尽管它远远未结束。有太多你我无法了解的细节，就算知晓，也左右不了决定，更无法预知结局。或许是一场救赎的开始，又或许是悲剧。

舒芙蕾出炉几分钟便会塌陷，但美好的滋味仍在，一口一口地品尝，谁会舍得丢弃呢？若只顶着高高的"帽子"，却因放错了调料，弄得败絮其中，这样的食物不吃也罢。

情已逝，用什么撑起"家庭"的空壳？爱的本质不在，形式还那么重要吗？

原 料

卡仕达奶油馅——
香草荚 1/4根
牛奶 250克
蛋黄 3个

细砂糖 75克
低筋面粉 25克
其他——
蛋白 90克

细砂糖 25克
黄油 少许
糖粉 适量
烘焙：180℃ 中层 上下火
水浴18分钟

做 法

1. 制作卡仕达奶油馅：将香草荚切开，取出香草籽。用水沾湿的锅中，放入牛奶、香草荚、香草籽，加热至即将沸腾。
2. 在一个干净盆中放入蛋黄、细砂糖，充分搅拌，打至发白的状态。
3. 然后筛入低筋面粉，以刮动的方式搅拌。必须使面粉完全混拌融合。
4. 将1逐次少量地加入盆中。每次加入时，都必须用手动搅拌器混拌至材料完全溶入混合。
5. 用过滤器将混合好的材料过滤一遍，取出其中的香草籽、香草荚。
6. 用中火加热，不断地用搅拌器边搅拌边加热。要随时留意将粘在锅边的奶油馅刮至锅中混拌。
7. 待整体开始变硬时，垂直握住搅拌器，以划圆方式充分搅拌。
8. 搅拌至当拉起搅拌器时，材料会顺滑地落下，呈顺滑的状态为止。完成后关火，尽快将其冷却。至此卡仕达奶油馅制作完毕。

9. 将蛋白、细砂糖用电动搅拌器打发成蛋白霜,打发至立体尖角呈直立状态的程度。
10. 先取大约1/5打好的蛋白霜,加进卡仕达奶油馅中,混合均匀。
11. 然后再将10的材料全部加进放蛋白霜的盆中。
12. 用橡皮刮刀从底部翻起,来回划"8"字搅拌,尽量不要破坏蛋白霜的气泡。
13. 大面积拌匀混合。
14. 模具中涂抹一层黄油,再撒上大量的糖粉,覆盖住模具底部和侧面的黄油。
15. 然后将面糊倒入模具中,用抹刀平整面糊的表面,将面糊装的与模具平齐。
16. 沿着模具的四周,以手指划出边缘空隙。
17. 然后摆入装了热水的烤盘中,放进预热好的烤箱烘烤。

小贴士

1. 在制作卡仕达奶油馅,加热面糊时,因手动搅拌器无法搅动至锅底边缘,该处会因过度加热而产生硬块。所以必须用橡皮刮刀将黏在锅底及边缘的奶油馅刮下来,全部混合均匀。

2. 低筋面糊需充分加热,当其黏稠地从搅拌器上呈硬块状缓缓滴落时,说明加热不足,必须不停地搅拌再继续加热大约1分钟。

3. 打发蛋白霜时,细砂糖不要一次加入,应分3次慢慢加入,利于细砂糖的溶化。

4. 制作蛋白霜尽量使用塑料或玻璃盆,金属盆与搅拌器会相互摩擦产生金属味。

5. 与其选用新鲜的蛋,不如使用在冰箱里冷藏的或是冷冻后又变成常温的蛋白,会更容易打发。

6. 必须在放入烤箱前的一刻再混拌蛋白霜与卡仕达奶油馅,这样才能制作出柔软蓬松的舒芙蕾。记得提前预热好烤箱。

7. 烤盘中的水倒至烤盘的一半,而且一定要用热水,不然烤箱的温度会因此下降很多。

8. 舒芙蕾容易塌陷,烘烤过程中不能打开烤箱。烤好的舒芙蕾会在几分钟内完全塌陷。

19

北海道吐司
——重逢后爱上你

难度：中等
时间：3.5小时
价格：15元
分量：450克吐司模一个
口味：香浓绵软

¥ 15

第一章 烘焙类

下午，我将头发高高扎起成一个马尾，早早地往学校赶，这是我来这所培训学校上学的第一天，比其他同学整整晚到一周。

教学楼下，一群即将毕业的学生，围着一个帅气的高个男生在拍照，唧唧喳喳好不热闹。我停稳车，向楼内走去，途经他们时，被那个帅气的男生叫住："可以帮我们拍照合影吗？"想不到拒绝的理由，顺手接过了相机。

下午的第一节课，上课铃响过，还不见老师出现。那个男生走进教室，我正默默许愿他能坐到我的身旁时，他却径直走向讲台……原来，他是教这门功课的老师，这么年轻，还……挺帅！

他教书十分严肃，玩笑不开一个，我更喜欢那种有娱乐精神的老师。不过，日渐熟识后，他恢复到那日楼下所见的模样，原来他是爱笑爱玩的，只不过太年轻，怕上课时威信全无，才故作老成。

彼时的我与他，干净友谊，并无半分遐念。

毕业后我北上京城，不日，得知他也来了。一日午后，我坐了遥遥的车，下车后未见其人，遂拿出随身携带的书坐在车站的靠椅上看了起来。后来他说，当时的画面美好到无可挑剔，秋日的暖阳中一个女子安静地低头阅读，日光洒向她一侧的脸颊，流淌着伦勃朗式的光。风一起，脚边金色的落叶与鬓边的碎发一并飞扬，他的心跳顿时漏跳了半拍。我告诉他，那本书是《尘埃落定》，当时我正期待有个人能让我尘埃落定。

我们又在北京见过一次，因为相隔甚远。在冬天来临前，他去了杭州，我在下一年的春天到了上海。

我们就这样不远不近地隔着，没有再见面。

我到上海的第二个月，在网上遇见他，交换了彼此的近况，我似有似无地开起关于爱情的玩笑，其实是在试探他的心思。他口风严实，令我无从揣测。但我又十分执著地相信自己的直觉——这个男生与我会有未来。

两个月后他去了深圳，又过了差不多一个月，他在电话那头说："来深圳吧。"我问："为什么现在才说？"他停顿，答："因为要确认一下我有没有这样的资格，现在看来是有的。"

好多次地写过别人的爱情，却不曾认真记录我与先生的故事，此次摘一个开头吧。那日烘焙所有人都称颂的北海道吐司，虽知道这名字只与牛奶有关，却因"北海道"三字，莫名牵扯起温柔情怀。先生与我都不会一触即发的爱情，也不十分浪漫，在我们的故事中，有的只是一道时间阀门，随情感慢慢地推动，直至爱情满溢。

原　料

高筋面粉 270克
低筋面粉 30克
奶粉 10克
细砂糖 40克
盐 4克

鸡蛋 50克
干酵母 4克
牛奶 110克
淡奶油 75克
黄油 10克

烘焙：180℃ 下层 上下火
35分钟（大约7分钟，表层上色后加盖锡纸）

做　法

1. 将高筋面粉、低筋面粉、奶粉、糖、盐混合，鸡蛋打散后也加进去。
2. 干酵母先用牛奶溶化开，再倒入1中，跟着加入淡奶油。和面团至麸质网状结构，再加入黄油，揉至完全阶段。
3. 和好的面团经过发酵、排气后，等分成3份，进行15分钟的中间发酵。
4. 然后取出其中1份，在撒了手粉的操作台上，用擀面杖擀成椭圆形。
5. 将两边的四分之一往中间折叠。
6. 用擀面杖擀成长条形。
7. 然后由一端卷起，卷成圆筒。
8. 将三个圆筒并列放入吐司模具中。
9. 进行45分钟的最后发酵。上面涂抹蛋液后，进行烘烤。

小贴士

1. 将面团尽量揉至完全阶段，即能拉出薄膜，破洞的边缘是圆滑不带刺的。
2. 刚开始揉面团时，会非常的粘手，但不要因此就一直加手粉，而要坚持揉搓与摔打，会感受到面团慢慢变得柔软光滑。
3. 原料中也可以不加黄油，对成品基本没有影响。
4. 烤好后趁热脱模。

北海道吐司
Hokkaido toast
重逢后爱上你

20

酥皮蜜桃派
——美食搬运工

- 难度：中等　★★★★☆
- 时间：1小时
- 价格：15元　￥15
- 分量：6寸派盘一个
- 口味：酥甜

第一章 烘焙类

严格遵守"物以类聚，人以群分"的定律，我的朋友统统可称为"吃货"。为吃货者，旅途也自是与常人不同的，在贪恋美景的同时还记挂当地美食。光吃也就罢了，还要散发美食合照四处散播诱惑，使那些在家不远游的人心心念念地淌着口水。开始看到，自会欢呼，表达羡慕之情，而后，逐日化为嫉妒之意，只是默默地看，不再做声。也有自称坦荡之人，出来抱不平，说要屏蔽其微博。

一切愤恨、羡慕、嫉妒……在收到"吃货"带回的当地特色小吃时便消停了。为吃货者，总将所去之处特色美食，不远千里带回来。彼此心知心挂，不着痕迹地打探其归家日期，在那日自动自觉以拜访之名登门，实则为了先到先得，心照不宣。

带回的食物中规格最高当属熟食及水果。熟食必须依气候做足万全保护措施，以免变质。前几个月好友从老家带一只麻辣鸡回来，因火车误点数小时，结果到家时原先白嫩的鸡早已变为青绿，不及上楼便丢进楼下垃圾桶中，几千公里的长途跋涉，最后竟"喂"了垃圾桶，着实可惜。好在拌鸡料幸免于难，遂再买一只鸡，烹煮来吃，多少抚慰遗憾。

我也曾空运过麻辣鸡给远方的朋友，将鸡层层包裹严实，周身加了冰袋，再放进保温箱中，还好正是春季，又乘坐飞机。这鸡的身价不凡，料它也不敢轻易腐败！

前两月又有朋友到西安出差，正赶上樱桃季节，带了些回来，我分得了一份。在深圳除了出身名贵的车厘子，几乎没有见过国产大樱桃。而最早见识的那种小小颗，每一颗都如红宝石般剔透的樱桃似乎早已绝迹江湖，那才是最有樱桃味的樱桃啊。

又过了两月，还是这位朋友再次去西安，此次赶上水蜜桃的时令，我又得幸分食。要知道，这种大且多汁的水蜜桃，北方虽常见，但在深圳却极其罕有，即使有缘见面，因其贵得好似宫廷贡品的价格而情深缘浅。

对着三个几乎一碰就会有蜜汁溢出的桃子，不免思量，一口咬下去固然解馋，可过后的意犹未尽实在磨人心志。于是兀自耍了聪明，将其简单改进，做成派。这样，原本的三人份变成六人份，可与更多朋友解馋。

有一帮吃货朋友，孜孜不倦地由天南地北搬运美食，不断完整着我不完美的人生，这样的特产吃起来，又多了一层丰腴之味——"人情味"。

原 料

派皮——
黄油 45克
低筋面粉 100克
细砂糖 10克
牛奶 30克
派馅——
淡奶油 50克
细砂糖 40克
玉米淀粉 10克
盐 2克
鸡蛋 1个（约60克）
香草精 2滴
水蜜桃 200克
酥粒——
黄油 20克
低筋面粉 40克
红糖 8克
细砂糖 12克
烘焙：
200℃ 中层 上下火
约25~30分钟

做 法

1. 制作派皮：黄油切成小块，自然软化后，加入低筋面粉和细砂糖。
2. 用手把面粉和细砂糖不断的揉搓成粗玉米粉的样子。
3. 面粉中加入牛奶，和成面团后静置松弛15分钟。

4. 把松弛好的面团擀成面片。
5. 放进模具中，用手压服帖后，用擀面杖去掉多余的部分。
6. 沿着一边揭去多余的部分。

7. 用叉子在底部叉些洞，防止在烤的过程中鼓起。
8. 制作酥粒：黄油切成颗粒，自然软化后与面粉、红糖、细砂糖混合。
9. 双手把所有材料搓匀，搓成细碎、均匀的颗粒即可。

10. 制作蜜桃馅：淡奶油、细砂糖、玉米淀粉、盐混合并用打蛋器搅拌均匀。

11. 倒入打散的蛋液。

12. 再加入两滴香草精，搅拌均匀。

13. 将搅拌好的淡奶油液倒入切成块的水蜜桃中。

14. 混合后，倒进模具中。

15. 码放上酥粒，放进预热好的烤箱中烘烤，烤至派馅完全凝固。

小贴士

1. 水蜜桃提前去皮、切块，放少许盐，杀出部分水分，以免馅过湿。

2. 如果时间充足，可将派皮预先烤至七成熟。这样最后烤好的派皮会更酥脆，底部更干爽。

21

蜜豆牛奶天使蛋糕
——创意这回事

难度：中等　　★★★★☆
时间：1小时
价格：10元　　￥10
分量：4人份
口味：奶香

升入高中没两星期,我就患了腮腺炎。那么大才得此病,令我深感无语。在家休息,黑膏药贴的好似米老鼠,跑腿的同学一见便笑到肚痛,颇为幸灾乐祸。

荒诞地病了两周,功课落下了不少,老妈很"体贴"地为我请回家教。于是,放学后我又有了新的人生目标——继续读书。

教我的女大学生告诉我妈,最近她们学校收了全国有名的神童,红的上了报纸头版。神童年方12,从小学到高中跳跳跳,跳到了大学,一般人都是用走的。于是,我妈眼放希望之光,光芒笼罩之下,是我无辜的小眼神。

还没等我考大学,神童已退学。因其年龄太小,生活无法自理,so……再次无语。

不少次见到电视上"展览"所谓神童。三岁能背唐诗三百首,正背倒背都流利过自来水,却不晓得这孩子会不会自己叠被子,自己穿衣服,更别说,若哪个不开眼的主持人提问一句"春蚕到死丝方尽,蜡炬成灰泪始干"是什么意思,那这节目就没法演了。

我其实非常不想扯什么"中国教育体制"的问题,这事大家心里都跟明镜似的,但生个孩子照样往学校里塞,挤破头撕烂脸也要进好的幼儿园、小学、中学、大学,为孩子尽心竭力、保驾护航。为什么?周围的人都这么做,谁能出"淤泥"而淡定呢,倒是生怕晚一秒娃们就无法成龙变凤。

于是,我们被批量拷贝出来了。真的是"拷贝"哦,从小背一样的课文,写一样的文字,答一样的考卷,连举手发言的Pose都是一样的……见到老外只会说"Nice to meet you",遇到火灾只会喊"妈呀",为什么?因为妈是万能的,不会做的手工、不会叠的被子、不会洗的袜子……总之,只要眼睛别离开书本,其他的妈都能包办!

我20岁之前没有自己搭过火车,我妈说不安全,我妹10岁已独自往返北京与其他城市。我妹10岁领略过的风景,我20岁才见识。但我有一样比较值得骄傲——我学习成绩好过她!因为她游山玩水时,我正在努力将自己变成"白痴"!

So what?我们不都活的挺好。读书、毕业、工作、结婚、生孩子,然后孩子读书、毕业、工作、结婚……你看,多么良好的循环系统。变化已死,要创意干吗?

但是那天整这个蜜豆蛋糕时,我就又犯贱地想到"创意"这回事。若是国人,会给它起个什么样的名字呢?Come on,给点幽默感,难道你们看不出它像天使头顶的光环吗?

原　料

蛋白 4个
柠檬汁（或白醋）4滴
糖粉 80克
盐 1/8小勺
塔塔粉 1/4小勺

低筋面粉 40克
玉米淀粉 20克
淡奶油 20克
蜜红豆 35克
蜂蜜 10克

植物油 少许
烘焙：180℃ 中层 上下火 5分钟；转上火 12~15分钟

做　法

1. 将蛋白分离出到无水无油的盆中。
2. 加入几滴柠檬汁（或白醋），用电动打蛋器的低速挡打到粗泡。
3. 将糖粉、盐、塔塔粉混合后分三次倒进蛋白中。
4. 打到湿性发泡（打蛋器拎起时有明显的弯钩）。
5. 筛入低筋面粉与玉米淀粉。
6. 采用切拌的方式，混合均匀，看不到白色粉末。

7. 然后加入淡奶油，稍微搅拌。
8. 倒入蜂蜜。
9. 匀速轻柔地搅拌均匀。
10. 模具涂抹植物油，然后将蜜红豆倒入模具底部。
11. 将制作好的蛋白面糊倒入。
12. 放入烤箱烘烤，出炉后倒扣放至完全冷却。

小贴士

1. 注意打蛋白的盆一定要干净、无油，不然会影响打发的效果。
2. 所谓切拌：用刮板插进面糊或蛋白糊的底部，然后翻上来。动作轻柔、迅速，这样可避免消泡，需要多加练习。
3. 多少都会有些消泡，所以不必太过担心，只要动作轻柔就好。
4. 为保持天使蛋糕洁白的形象，所以底部上色不要太深。

22

朱古力心太软
——坚强的外表，柔软的心

难度：一般简单　★★☆☆☆
时间：40分钟　◐
价格：8元　￥8
分量：9厘米模具两个
口味：香滑巧克力

我坐在化妆台前,她在我对面坐下,还没调整至最佳姿势,便急着开场。

"他最近常加班,回到家洗过澡就去睡觉了。"

"许是工作忙,比较累吧。"我端起咖啡,轻酌了一口。

"那日,我趁他走开,偷偷查看了他的聊天记录。结果都是些很正常的对话,我大失所望,我想我是疯了,不然怎么会期待自己的老公出轨呢?生活太无聊,如果我发现他出轨,是不是有个借口让自己也能放纵一下?"她叹气。

作为家庭主妇的她,不喜装扮,放着阔太太不当,偏要素面朝天操持家务,就连下午茶也懒得出去喝。

"你是想要出轨?还是想要爱情?"我问。

"我说不清楚,别人的每天都是崭新的,而我的昨天、今天、明天没什么不同。这样的生活就像一条长长的布,在我身体上缠绕缠绕,直到我窒息。结婚六年,我好像看到了一辈子。每年几个纪念日,礼物从来都是珠宝首饰。从满是惊喜到麻木,那些东西填满我空虚的柜子,却掏空我的心。"

我望向她,白洁细滑的脸庞,与年龄不符的紧致,眼中却是苍老的疲态,像是已经活了一辈子。

眼角有泪轻垂,她专注于心事,并未察觉。或许,对于习惯了泪水的脸颊,那抹泪微不足道。

我该怎么说呢?此刻的我,心情也不会有多好。

"给自己一段爱情吧。"

"什么?你是在让我出轨吗?"她惊讶地挺了挺腰,盯住我。

"不,只是灵魂出窍。想象你回到了大学时代,而你老公是你暗恋已久的人,从明天开始想办法把他追到手!一种精神的意淫。"

"追到手?那是怎样?上床吗?那还不是跟现在一样!"

我"噗"的笑出声:"这么有幽默感的话,还真不像你说的呢。"她的脸一红。

"亲爱的,你需要的是热情,你说你的生活如灰,其实是耗光了热情,生活说到底是与自己的心理争斗。你想要出轨,不过是需要激情,需要重拾恋爱的感觉,被人呵护被人疼爱。我想你老公大概也想,但男人的工作压力大,可能会无力顾及这些。那你为什么不能主动?当初他为你做过的事情,如今你可以反过来为他做啊。享受追求的过程,一个人乐在其中也没什么不可以,况且你老公一定会感受到的。你会激起他的斗志!"

她点着头,同时消化我的长篇大论。这个想法看似荒诞,却于人无害,何不试下呢?

两人过久了,生活会僵化,对白由"我爱你"变得越来越家常,甚至越来越少。爱情被平淡的生活所束缚,可是,它毕竟柔软的存在过,加些温度,无需太久,就会重新苏醒。

"今晚,烤一个看得到'心'的甜品吧。"我起身。

化妆镜前只留一个空空的座椅,在旋转。

原　料

黑巧克力 70克
黄油 55克
蛋黄 1个
鸡蛋 1个（约60克）

低筋面粉 30克
白糖 20克
朗姆酒（或白兰地）1大勺
糖粉 适量

烘焙：220℃　中上层　上下火 8~10分钟

做　法

1. 将黄油切成小块，与黑巧克力一起，隔水加热至完全融化。冷却至35℃待用。
2. 鸡蛋与蛋黄倒进干净的碗中，加白糖，用电动打蛋器打至稍稍黏稠即可，不用打发。
3. 打好的鸡蛋倒入巧克力与黄油混合而成的液体中。
4. 加入朗姆酒（或白兰地），充分搅拌。
5. 筛入低筋面粉。
6. 充分搅拌，混合均匀至看不到白色粉末。混合好的面糊放进冰箱冷藏30分钟。
7. 模具内部涂抹黄油或植物油，再筛上糖粉。
8. 将冷藏好的面糊倒入模具至七成满。
9. 放进预热过的烤箱烘烤。烤好后倒扣脱模，撒上糖粉，趁热食用。

小贴士

1. 加热黑巧克力与黄油时，要不停搅拌，使之充分混合。
2. 掌握好温度与时间，是这款蛋糕的关键。烤的时间短，则表面厚度不够，容易破掉；时间长则会使内部凝固，失去口感。所以要随时观察，必要时可稍微打开烤箱去触摸表面，感受硬度。
3. 如不趁热食用，则无法看到有热融融的巧克力液流出哟。

朱古力心太软
Lava cake
坚强的外表，柔软的心

23 枫糖棒
——爱情不只"一见钟情"

难度：一般简单　★★☆☆☆
时间：2小时　　　◐◐
价格：18元　　　￥18
分量：16支
口味：香酥甜

小健与我差不多同岁，真真的适婚男性，有房有车，无不良嗜好，家境良好……大致符合当代好男人标准。可老婆却不见半个，别说老婆，就连可以称为女朋友的人选都没有。他早几年受过爱情的伤，如朋友所说："谁还没个情伤啊！"只可惜大家都伤好复原，身体倍儿棒地站在了婚礼殿堂，他却孤零零独自原地舔舐伤口。

与"长情"大概没有太多瓜葛，只是"疗伤"的路途走得比较艰难，最后反而走向另一个极端。这几年，着急的朋友纷纷贡献身边资源，环肥燕瘦，各色佳丽，没有一百也有五十了吧，最后都以"感觉不太合适"被婉拒。

他的标准是颠三倒四的：时而温柔贤淑，时而可爱活泼，时而御姐，时而萝莉……这位仁兄，老婆只能有一个！人格分裂是不允许结婚的！醒醒吧你！

大概是见我们太过执著于做红娘这件事，小健反倒劝我们不要"玩物丧志"。况且，他很满意现在的生活，觉得一个人过很OK，两个人生活倒有点惶恐。我问，你能永远一个人吗？他答，不能。So，一次毫无意义的谈话。

下一次，又谈起此事，催促他对新认识的、朋友一致认为不错的一位女生快快出手。他却不紧不慢，买了礼物竟不送去。再催促，倒起了反作用，我们越是起劲，他越心不在焉。只得作罢，任由他去。

我想，他依然在乎爱情。他说过不为结婚而委屈。那些"独自生活惯了""多而生厌"不过是些托词。但，人海茫茫，怦然心动之人实在不好遇见。更如他类，上班封闭于办公室，下班封闭于车内，休息日尘封家中。认识人的机会原本就少，非要强求眼缘，更是难上加难。

譬如枫糖棒，看上去硬实，若不咬一口，你永远也无法体味到浓郁的枫糖香、酥脆的外皮下柔韧的心与香脆的"内核"（核桃）。若不试着恋爱，再完美的遇见都只如看上去很美的电影预告片；相反，被匆匆否定掉的人群中，或许藏有你的真爱。

原料

干酵母 4克
清水 125毫升
全蛋液 25克
白砂糖 15克
盐 4克

脱脂奶粉 5克
高筋面粉 250克
枫糖浆 25克
黄油 15克
核桃仁 50克

蛋液 适量（上光用）
枫糖浆 适量（涂层用）
烘焙：190℃ 中层 上下火 15~20分钟

做法

1. 将干酵母与清水混合静置5分钟，再倒入蛋液混合均匀。
2. 然后与制作面团的材料（白砂糖、盐、脱脂奶粉、高筋面粉、枫糖浆）混合，糅合至质地光滑后，再加入黄油，揉搓到扩展阶段。
3. 核桃仁切成碎块待用。

4. 将核桃仁碎倒入面团中，糅合均匀后，放在温度28~30℃处，发酵约50分钟。
5. 发酵好的面团，放在撒了手粉的工作台上，用手掌压扁成长方形。
6. 再用擀面杖擀到厚度均匀，擀的时候顺便用力将核桃擀碎。

7. 然后将面团分成2份，静置15分钟。取其中1份，擀成适合烤盘的大小。
8. 用刀等分成几个长条。
9. 二次发酵后，涂抹蛋液，烤好后再刷上一层枫糖浆即可。

> **小贴士**
>
> 1. 枫糖浆由枫糖的树汁熬制而成，带有特殊的果木香味，是加拿大的特产。这种枫糖浆香甜如蜜，风味独特，富含矿物质，是很有特色的纯天然营养佳品，能养颜美容，还能减肥。
> 2. 刚烤好的枫糖棒有酥脆的口感，稍稍降温后食用，是最美味不过的了。
> 3. 成品涂抹了枫糖浆后已经很美味，但为了避免粘手，也可以再撒上一层糖粉。

枫糖棒
Maple sugar bread
爱情不只"一见钟情"

24

香梨煎饼
——讨巧

难度：一般简单 ★★☆☆☆
时间：30分钟
价格：8元　￥8
分量：8个
口味：巧克力香

前年，与几个朋友回家创业，创业初期种种艰难自是不必说的。从大城市切换到小城市的"频道"真是不容易。起先一些很进取的想法，也被现实不断地击碎。

我与老公都是设计行业出身，偏偏这个行业在小城市最吃不开。关于这点，我想同仁们一定各自有不同程度的体会吧。

小城市的观念保守而陈旧，认为设计这种东西（"这种东西"，他们是这样说的，唉）就是稍微动下手，无比轻松地搞定，凭什么收费？客户想要的东西，一般不用花钱，找个路边的文印店，人家免费就给做了，甚至抢着去做，因为想要客户在这里制作嘛。

这就好比你背个LV下乡，村里人心想，这破布兜还没我家菜篮子好看呢。你告诉她，这得一万多一个呢。她会想，就这么个破玩意还这么贵！凭什么？然后你说，我送给你吧，她会特高兴地接受。你若说，我卖给你，她就说你神经病！

正是如此，在小城市，基本没有可能依赖设计生存。对于多数客户，设计再好也没用，免费才是硬道理！当然，这个"好"也是不同标准的，你觉得Espresso好，人家还觉得1块钱1瓶的饮料好呢。甭管怎样，你告诉他我这杯要好几十，请你品尝。他会欣然接受，嘴上表示感谢，但不会由衷感谢你，因为他根本不需要啊，拿回去倒掉也不一定。

这种情况算好的，多数人知道你免费赠送咖啡后，都会厚颜无耻地多要几杯，不同口味的。然后拿回去告诉别人，这杯咖啡几十块呢，你们没喝过吧，装模作样展览一圈之后，倒掉！

你送咖啡是要让人买你的咖啡豆，结果对方拿起咖啡拍屁股就走，还会产生"肯定是不值钱的东西，不然怎么会免费给我"的想法。目的没有可能达到，却在不断地耗成本，耗精力。说明什么？你的产品完全不适合这个市场。

我们正是如此，在经历了"向客户卖设计，遭拒绝"的滑铁卢后，转而用设计去讨好客户，不但产生庞大的工作量，最后结果往往是客户拿着免费的、优秀的设计去找更低廉的制作商完成制作。当然偶尔也有能够接受"设计费"一说的客户，但价格低得惨绝人寰。

在小城市用设计去取悦客户是得不偿失的，但无论在哪里，用一款亲手制作的甜品讨好朋友，增进友谊，绝对事半功倍。何况，这还是一款既易做又美貌的西式小点，无论是外貌协会，还是踏实的吃货都会爱上它吧。

原 料

低筋面粉 150克
清水 适量
鸡蛋 2个（约120克）

黑巧克力 50克
香梨 2个
红糖 10克

黄油 15克
烘焙：220℃ 中上层 上下火
10~12分钟

做 法

1. 低筋面粉中加入适量清水，和成略微黏稠的糊状。
2. 在面糊中加入打散的蛋液。
3. 混合均匀。
4. 用平底不粘锅，将面糊煎成一个个鸡蛋饼。
5. 黑巧克力放入小奶锅中，慢慢加热至融化。
6. 香梨去皮，切成片。
7. 将巧克力涂抹在鸡蛋饼上，然后放上几片梨片。
8. 模具中涂抹黄油。
9. 将7卷成卷，放入模具中，在上面撒上红糖，送进预热好的烤箱。

香梨煎饼
Pear pancakes with chocolate
讨巧

小贴士

1. 此方子中的低筋面粉也可以用普通面粉替代。
2. 表面的焦点来自于红糖，所以红糖是不可缺少的。

25

金枪鱼面包
——租来的人生

难度：一般简单　★★☆☆☆
时间：3小时　　●●●
价格：20元　　￥20
分量：5个
口味：浓香金枪鱼

"Hi,'人生',你是出租品吗?"

"哦,这个问题,真是连我自己也无法回答呢!"

我在微风中思考,头发撩拨着脸颊。说不定真是这样,"人生"是租来的。租期30、50或者80年不等,租金就是要将它漂亮地填满。

租期的长短决定权并非在自己手中。或许,租金给的足够,就有条件续约哟,又或者有人就连短短几十年都要嫌弃,想要提前归还,那他一定是因为没有足够的租金。

最近的几起自杀事件,都有救人的英雄身亡。坦白讲,我并不怜悯自杀之人,莫说我冷漠,他自己都首先厌恶了自己。决定提前归还生命是他的自由,但请不要牵连无辜的好心人。如果他死了,那这番话自然无用;如果他活了下来,连自己的租金都付不起,又拿什么归还欠别人的几十年?

想要提前断租的人,麻烦你默默地走开,走到无人的角落,毫无瓜葛地提交手续;如果你想要继续活下来,我想上帝也会原谅你拖欠租金的,因为"想要活下来"就是一个很伟大的漂亮想法。

租来的光盘在归还时会多几道因观看产生的划痕;租来的小说会因阅读逐渐老旧。那我们的人生呢?一个长长的过程,需要怎样留下拥有过的证据?

人生如料理比赛,或许最初发给每个人的原料并不相同,你要抱怨吗?如果抱怨有用。不然还是想办法利用手艺来弥补原料的缺陷吧。要把它变成漂亮的作品、平庸的作品还是中途举手投降,你只拥有这几种选择。

最完美的作品,是忘掉"人生"是租来的这回事,而把它变成自己的。这样,即使那一天还是会到来,你也不过是到自己的另一个世界中旅行。

记住,努力地填充现在拥有的"人生"吧。

原料

面团——
高筋面粉 150克
低筋面粉 50克
奶粉 10克
糖 15克
盐 2克
全蛋液 50克

酵母 3克
水 70毫升
黄油 15克
白芝麻 适量（装饰用）
馅——
洋葱 50克
色拉油 1小勺

油浸金枪鱼罐头 100克
盐 1小勺
白葡萄酒 10毫升
非洲综合胡椒 适量
马苏里拉奶酪 35克
烘焙：180℃ 上下火 中下层
18分钟左右

做法

1. 将高筋面粉、低筋面粉、奶粉、糖、盐混合，鸡蛋打散后也加进去。
2. 酵母用清水溶化开，倒入面粉中，黄油后加，揉搓面团至扩展阶段后进行发酵。
3. 利用面团发酵的时间，来制作金枪鱼馅。首先将洋葱切成细碎的末。
4. 锅内倒入色拉油，油热后放入洋葱末翻炒香软。然后关火，再倒入金枪鱼罐头。加少量的盐和白葡萄酒调味。
5. 然后倒些现磨的非洲综合胡椒。
6. 放凉后，将切成丝的马苏里拉奶酪倒入锅中，翻拌均匀。面包馅制作完毕。
7. 发酵好的面团，休积变成原先的两倍大，用手指蘸少量面粉插入面团中央，抽回手指后的空洞没有走样，说明已经发酵成功。

8. 将面团排气后，等分成5份，盖上保鲜膜或者屉布静置15分钟，进行中间发酵。
9. 然后取其中1份，用擀面杖擀成椭圆形面片，取馅料的五分之一放在面片中心。
10. 两边对捏起来，稍加整形成橄榄形状。
11. 放入烤盘中进行45分钟的最后发酵。
12. 入烤箱前，刷上蛋液，撒上白芝麻即可。

小贴士

1. 将面团揉搓、摔打成均匀的麦麸结构后，再加入黄油和面至扩展阶段。
2. 如果用盐浸金枪鱼，在做馅料时就不用另外加盐了。金枪鱼罐头在大型超市均有出售。
3. 没有综合胡椒可用黑胡椒代替。
4. 刷蛋液这个步骤在面包入烤箱前再做，如果过早刷上蛋液，再等烤箱预热，面包可能会因为蛋液的润泽而略有塌陷。
5. 有肉馅的面包，当然趁热吃起来最香，但最好还是等温度降至40℃以下，二氧化碳已完全排出后再享用吧。
6. 吃不完的面包可装进保鲜袋中，放入冰箱冷藏。第二天，拿出后可用平底锅略煎，或者用电饭锅加热。

26

南瓜芝士蛋糕
——心中的遗憾

难度：一般简单 ★★☆☆☆
时间：3.5小时 ◉◉◉◉◐
价格：18元 ￥18
分量：6寸心形模具一个
口味：香软南瓜香

老公窝在沙发里，看电视到半夜，我没有吵他，一个人上床睡了。晚饭后他接到母亲的电话，得知外公仙逝的消息，站在阳台上哭了许久，又给远方亲人挨个打去电话慰藉。

如果看电视、玩游戏能使他伤痛舒缓，就由他吧。他刚刚失去一位亲人，一位爱他的人。

我与老人仅有过三次会面。

几年前我第一次去南阳，那时我与先生尚未完婚。在一家地处僻静的养老院中，不大的房间，左右各摆放两张床。九月，热潮还未尽褪，通风不好的洗手间不时散发陈腐的气味，这些老人倒是不在意，照样聊天看电视娱乐着。外公的床位靠窗，因年事已高，听力退化，与之交流，拿个本子写上，顺手再看看日前有谁来过，与他说过些什么，倒成了亲朋间互通有无的间接方式了。我也将名字写上去，大声读给他，他点点头，嘴里含糊地说着：好啊，好啊。陪他聊了会儿天，其实都是我们在写，他在看。走时，让他留步在房，待一行人下了楼，却见他拄着拐杖站在走廊，招手与我们道别。老公说：外公好像元首咧。一家人都笑。

我们结婚那日，外公来的很早，小舅舅搀扶着，颤颤巍巍由车里出来。老公瞧见，也不顾当时"迎宾"的岗位，匆匆跑去帮手。我也迎上去，老人见到，嘴角微动，依旧一脸木讷。喜宴间人头攒动，一直未留意外公，直到结束才想到问起，得知早就走了。

去年元月，因老公的姐姐结婚，我们赶去观礼，抽出时间探望他。还是那家养老院，院里的树都秃了，一派清冷。外公还是老样子，整洁质朴的穿着，世间繁华落寞与他皆无半分瓜葛。简单地借由纸笔传情，又与他说了些家常话，也不知几分听了进去，反正一直点头道好啊，好啊。

道别后，他依旧站在回廊目送我们，厚厚的大衣沉甸甸地罩住羸弱的身体，年轻时的伟岸有迹可循。我们转身挥手，他也抬手示意。那是最后一幕，简单地挥手定格成绝笔的倾听与诉说，它在我脑中像黑白默片淡出的场景。

不过三次，虽谈不上情感深厚，却仍有切肤之痛，缘分使然的一家人，也是一家人。

遥想当初，我呱呱坠地，他/她喜悦的面庞；回忆那天，他/她离去时我痛彻心扉。人生是得到与失去交织的悲喜剧。

我已逝去的亲人们啊，你们还未有机会尝一口我亲手做的饭菜，烤的蛋糕，南瓜自然的香甜最适合老人。我向高山诉说，高山将我的声音吞没；我向大海诉说，海涛将我的声音掩盖，我唯有在心里默默地忏悔，并祈祷——下辈子，还要成为一家人，好让我有机会弥补今生的遗憾。

原料

饼底——
谷物曲奇或消化饼干60克
黄油15克
牛奶5克
乳酪面糊——
奶油奶酪200克

白糖50克
南瓜150克
鸡蛋1个（约60克）
蛋黄1个
淡奶油70克
香草精3滴

玉米淀粉8克
烘焙：170℃ 中层 上下火30分钟
再挪到中上层 烤5~10分钟

做法

1. 制作饼底：把消化饼干放进保鲜袋中，口部扎紧，用擀面杖先将饼干敲碎，然后擀成粉末。
2. 将1倒入大碗中，加软化的黄油和牛奶搅拌均匀。
3. 倒入模具中，用力压瓷实后，放进冰箱冷藏。
4. 制作乳酪面糊：把奶油奶酪放在室温下软化后，加白糖搅拌均匀。
5. 把温热的、蒸熟的南瓜倒进去，用手动打蛋器搅拌均匀。
6. 一点一点地加入打散的鸡蛋和蛋黄，以及淡奶油、香草精搅拌均匀。
7. 把过了筛的玉米淀粉倒进去，搅拌均匀。
8. 然后充分地搅拌均匀成浓稠的面糊。
9. 之后倒进铺饼底的模具中，大力向下磕几下去除其中的空气。放入预热好的烤箱烘烤。

小贴士

1. 鸡蛋、淡奶油、奶油奶酪要提前放到室温下。
2. 饼底也可以用制作塔皮的方法来做,但用饼干会快捷些。
3. 南瓜一定要先蒸熟或者烤熟后才能用。如果用蒸的方法,记得倒掉多余的水分。
4. 奶油奶酪在第一个步骤一定要充分软化与搅拌,否则加入南瓜后很容易结块。

南瓜芝士蛋糕
Pumpkin cheese cake
心中的遗憾

27

焦糖乳酪蛋糕
——是件技术活

难度：一般简单 ★★☆☆☆
时间：70分钟
价格：12元　￥12
分量：4人份
口味：香味醇厚

第一章 烘焙类

几天前出门去，当时状态极为不佳，想着晚上还需做饭这事，头昏脑涨地"啪"把家门一锁，我拍着脑门叫唤起来，坏了，忘记带钥匙！

附近连个像样的咖啡厅都没有，只得在超市里卖书的位置，左右翻两页，也没有找到一本心仪的书，那怕杂志都没有。现在的书啊，还是让我只看书评买个后悔吧，看了内容，多半死心。

坐在永和大王，一解对油条的相思之苦。幸好我有随身带本书的习惯，只要有书，多无聊的时光都变得好打发，别信赖手机上的电子书，电池太不靠谱，不一会儿就耗光。

等到老公来接我，想着八点档的电视还赶得及，谁知我俩很有默契地挑选了同一天不带家门钥匙。面对先吃饭与先开锁的棘手选题，老公大义凛然地选了后者。

打了开锁公司的电话，对方说十几分钟就到，等到第八分钟时，老公终于撑不住调转车头说，先去吃个饭，他没这么快到！结果，车开了500米，人就到了，只得强忍肚饿又回来。

我也好想去学开锁，那师傅拿着两个不起眼的小玩意鼓捣了几下，锁就顺利打开，不出2分钟便从我们手里拿走100元，那原本属于明后天的菜金啊！我跟老公商量着，为了以示惩戒，这周不再吃肉！（理想永远追不上现实的口舌，事实上我们当晚就吃了）

虽然我讨价还价时也说，您看您就随便一弄就开了，这么简单，算便宜点吧。若是师傅用"那你随便弄弄试试"来揶揄我，我也是无计可施。这还真不是一般人随便弄一下就能成事的。

看起来特不起眼的事情，往往是含金量最高的。所谓"会者不难"就是这个道理，随随便便说着"原来是这样，就这么简单啊"的人，真的该看看其背后的故事，哪一个不是千锤百炼呢。

所以，下次再遇到倍儿美味的蛋糕时（尤其是我烤的），麻烦大家先双手合十唱首欢乐颂。

原料

奶油奶酪 160克
细砂糖 30克
鸡蛋 1个（约60克）
蛋黄 1个
淡奶油 40克

黑朗姆酒 10克
低筋面粉 20克
焦糖——
白糖 35克
水 20毫升

开水 10毫升
淡奶油 50克
烘焙：160℃ 中层 上下火 45分钟

做法

1. 制作焦糖：奶锅加水和白糖中火煮开，当大泡转成小泡，轻轻晃动锅但不要搅拌。煮到焦糖色时加入开水和淡奶油搅拌均匀。
2. 奶油奶酪室温自然软化后，加细砂糖用电动搅拌器搅拌至羽毛状。
3. 打好的蛋液分次加入乳酪中，搅拌均匀。
4. 加入制作好的焦糖，搅拌。
5. 加淡奶油与黑朗姆酒，搅拌。
6. 加入过筛后的低筋面粉。
7. 搅拌至看不到白色粉末。
8. 最后倒进模具中。放进预热好的烤箱烘烤。

焦糖乳酪蛋糕
Caramel cheese cake
是件技术活

小贴士

1. 制作焦糖时需注意火候，熬的时间不够则味道不够纯正，过长则苦味过重。熬至深咖色时最好。
2. 每个步骤都需要很充分的搅拌均匀，使口感细腻。
3. 冷藏后风味更佳。

28

西葫芦培根派
——倾诉

难度：中等 ★★★☆☆
时间：准备1小时，做1小时
价格：20元 ￥20
分量：6寸派盘一个
口味：香酥

我爷就愿带着我散步，给我穿上整套的军装，再盖上个大檐帽，三四岁的小人儿也就有了军人的模样。这样抱着我走出去，满院子遛弯儿的人都会被吸引过来。忘了说，我们家住在干休所，就是老军人离休后住的地儿，满院子都是眉眼慈祥的老军人。

爷爷、奶奶们都来逗我，我爷就把我往当中的地下一放，下达指令：给大伙唱个歌。我站定军姿，右手一抬，毕恭毕敬地敬个礼，然后就开始了个人演唱会。这样的场景，唱的什么歌，我哪里还记得，倒是我妈我奶奶总爱念叨，你爷爷啊就爱带你去遛弯儿，你特给他面子……

在我小学还没毕业的时候，爷爷就去世了。他走后几年、甚至十几年我还会经常地想念他到流泪。爷爷走后，我渐渐变了个人，不再似从前那么爱说话，回到家里，不见那个与我最有话说的人，我便把话都收了起来。我跟我妈说，今天玩得很开心，我妈会说，你看你把衣服都弄脏了。我爸时常不在家，在家时面对那张严肃寡言的脸，我也是有话说不出的。奶奶还有姐姐要疼。所以，我把话都收起来了。

童年的外向，被风轻云淡地甩干了，树叶落过一季又一季，我依然想念他，想念他没走之前，我那段没有伤痛的童年。

我的话只说给两个好朋友听，在家里或者其他人面前我是沉默寡言的、本分的孩子。后来，那两个好朋友走了，又来了两个好朋友，我的话就说给她们听。再后来，这两个好朋友也走了……就这样来来回回，我的身边总会保持着不多不少的几个好朋友，足以彼此诉说，一起倾听时光坠落。

不知等我老掉了牙，还有没有朋友陪着聊天。时光不会老去，老的都是生命，它带走我爱的人，真叫人心痛啊，也带来爱我的人，又令人欢喜。

不管怎样，时光荏苒，叫人心酸。

【食物启示录】

派这种食物，其实很容易做到美味，只要按照自己的喜好，哪怕只是想象，嗯……都很难不好吃，因为你最清楚自己的口味。我不爱甜食，才想到做一款咸派来试试。没想到，最出彩的倒不是内容，而是派皮。培根在烘烤过程中，吱吱的冒油，出炉后，油便被派皮吸个干净。咬一口，酥而且溢满培根的香味。派的馅可咸可甜，可酸可辣，一切可能由你决定。只是我推荐大家一定要做做看这样的组合，这种美妙无法言语，只有一口接一口直到吃光光。

甜点，再甜一点

| 原 料 |

派皮——
黄油 35克
细砂糖 15克
盐 2克
蛋黄 1个
牛奶 5克
低筋面粉 90克

馅——
西葫芦 1根
盐 2克
黑胡椒 适量
鸡蛋 1个（约60克）
牛奶 20克
培根 2条

圣女果 8颗
百里香 适量
烘焙：
派皮——180℃ 中层 上下火 15~20分钟
整体——190℃ 中层 上下火 45分钟

| 做 法 |

1. 黄油切小块，自然软化后加细砂糖和盐打至发白。
2. 然后加入蛋黄与牛奶，混拌均匀。
3. 筛入低筋面粉，和成面团。
4. 面团放进保鲜袋中，在冰箱里冷藏1小时后拿出。
5. 用擀面杖擀成面皮。
6. 将擀好的面皮摊在模具上。按压妥帖后，用擀面杖擀去多余的部分。
7. 用手揭去多余的面皮。
8. 用叉子在底部扎些洞，以免烤的过程中底部鼓起。放进预热好的烤箱中烤15~20分钟。
9. 西葫芦去皮，切成大约半厘米厚的圆片。然后用平底锅中小火煎。

10. 煎至两面金黄，撒少许盐与黑胡椒。盛出来待用。
11. 鸡蛋与牛奶混合。
12. 搅拌均匀再加少许盐调味。
13. 烤好的派皮中先铺满西葫芦打底。
14. 培根切片铺在西葫芦上面。
15. 最后将圣女果切成两半，百里香切成条状，随意撒在上面。
16. 然后浇上蛋液牛奶汁，确保汁液没有溢出。
17. 放入预热到190度的烤箱中烘烤45分钟，确保蛋液凝固即可。

小贴士

1. 派皮在揉的时候如果面不能结块，可以再加一些牛奶。
2. 面团结块即可，不要长时间揉搓，否则会影响酥脆的口感。
3. 烤好的派，稍等一会，等到培根回油，派皮会异常香酥。但是一定要趁热吃。
4. 派皮事先烤到浅黄色，吃起来会更酥脆。
5. 不喜欢吃西葫芦的，也可以换成茄子。
6. 如果使用活底派盘，请将盘子底部用锡纸包裹。
7. 没有黑胡椒，可尝试用意大利综合香料。总之，口味全凭自己的喜好。

29

巧克力布朗尼
——有意外才有转机

难度：一般简单　★★☆☆☆
时间：50分钟　◉
价格：15元　￥15
分量：6人份
口味：浓香朱古力

第一章 烘焙类

有那么一阵子，大家过得都不安乐，经济危机几乎波及了所有行业，像狂风般刮得大家东倒西歪，更令人恐惧的，谁也不知道这团风暴几时才能"收功"。

他是设计行业中的老手，思维敏锐，行动果断，一直凭借着自己的努力往上"爬"。设计行业中有许多分支和侧重，所以当他觉得自己在一个分支中处于饱和的状态，就毅然放弃了原有的工作，跳向一个更有挑战性的分支。

开始的一切都还算顺利，自己很用心，老板也颇为赏识。过了一段时间，恐怖的经济危机来袭了，每个人都开始担心饭碗，他却是自信满满。可没过多久，有一天他回家后对妻子说：老婆，我被经济危机秒杀了！说这话时候他满脸微笑，妻子便误以为这是个玩笑。他说，真的，因为我最晚入公司。妻子故作轻松地拍了下他的肩说，没事，慢慢找，不要有压力。他的笑又重新浮现，夹杂着苦涩，艰难地一笑。

大概一个月后，他被一家全国知名的4A广告公司看中，重新开始忙碌的工作。在等待工作的时间中，他迷茫过、灰心过，最终凭借实力与韧性渡过了难关。这是发生在我朋友身上真实的经历。

人生的意外并不一定都是悲剧，也可以是转机。在经历低谷时你会绝望地以为这辈子也许就这样了吧。如果这样想，或许真的就会一直待在那里永不见天日。试着把这样的"机会"当作难得沉淀的思考时间，回顾曾经的历程，究竟哪些是应该坚持的，哪些是做错却不敢承认的……对自己坦白才能积存动力，等待爬出谷底的时机。

就像布朗尼一样，若不是那个粗心的老奶奶忘记将奶油打发，怎么会有后来享誉世界的这款甜品。有时只有意外才能成就令人回味的惊喜。

原　料

低筋面粉 75克
核桃 50克
泡打粉 4克
巧克力 120克

黄油 70克
红糖 80克
鸡蛋 2个（约120克）
黑朗姆酒 20克

牛奶 30克
烘焙：180℃ 中下层 上下火
15~18分钟

做　法

1. 制作纸模：将两张A4复印纸重叠，四边向内折起2厘米的边，四角用双面胶固定。
2. 将黄油、巧克力放在盆中，以50℃的热水隔水加热至融化。融化后停止加热，用手动打蛋器混拌。
3. 加红糖，搅拌至完全溶化。

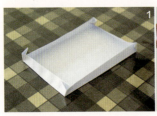

4. 分两次加入打散的鸡蛋液。
5. 搅拌均匀至平顺的糊状。
6. 泡打粉与低筋面粉混合过筛，加入到5中，充分搅拌至没有硬块残留为止。

7. 加入黑朗姆酒拌匀，分2~3次加入牛奶搅拌。
8. 加入切碎的核桃，大面积地混拌。
9. 将制作好的纸模放在烤盘中，将8倒入其中。端起烤盘轻磕几下使表面平整。

10. 将装饰用的核桃等距离摆在表面。放进预热好的烤箱中烘烤。
11. 烤好后，将金属棒斜向插入3秒钟，以确认烘烤状况。抽出金属棒，没有面团黏着，并且碰触金属棒热的话，即完成烘烤。
12. 将烘烤好的蛋糕放凉。取下外侧的一张纸模，将装有蛋糕的纸模向下倒扣在另一张纸模中。
13. 轻轻剥去纸模，用刀切成块即可。

> **小贴士**
>
> 1. 核桃从一开始分成两部分，一部分用来装饰，一部分切碎用于拌在面糊中。
> 2. 折叠纸模时，一个边压着一个边这样折。折好后将外面的一层纸模的边用双面胶粘住。
> 3. 因为烤好的糕点高度比较低，所以金属棒不要从正上方插入，需横向斜插才能真正确认烘烤状况。
> 4. 糕点晾凉的过程中，记得用白布或者纸覆盖在上面，避免蛋糕表面过于干燥。

30

谷物条
——胆小鬼

难度：一般简单　★★☆☆☆
时间：40分钟
价格：8元　￥8
分量：6寸派盘一个
口味：香酥

第一章 烘焙类

我是个胆小鬼，我首先得意识到并承认，然后才有勇气面对。我的胆小是方方面面的。

我害怕从事有压力的工作。几年前拿着一张并不优秀的履历表去应聘一家业内挺有名气的设计公司，也不知那台湾老板受了什么蛊惑，竟然叫我先试用三天。倒是我，压力大极了，三天里，吃不下睡不着。我就是这样的人，压力大时便寝食难安，心理素质极差。回头想想，不过是场面试，这家不行换一家就好了嘛，大可不必如此。最终，虽通过面试，我却不想留下，自知以当时的能力留下时会很辛苦，没有挺住压力的胆识。

对朋友也有胆小的时候。我不善交际，人缘不广，偶有机缘遇到可心的朋友，便倍加珍惜。故虽朋友不多，但都算知己良朋，全部说得了知心话。对待朋友的缺点，凡不触及原则性问题，一概不论，谁能毫无瑕疵呢，若要吹毛求疵也先从自己开始才对嘛。如此包容、大度，也是怕朋友被苛求吓跑，本就精良，再走掉一两个真成了孤家寡人了。

近些年愈发活的胆小谨慎了，越年长越不敢肆意地说实话，偶有真实不悦、愤怒的情绪，发在网上稍作停留便悄悄地Delete。纾解一下，好过一直憋在心里。但又不敢让别人了解得太多，你生活的快乐是可以随意曝光的，不快的一面则需小心地收拾好了，待腐烂变质也不得现世。对于一些社会问题的看法，心里即便是极其愤慨的，也要讲中庸之道，左右兼顾，真实的想法一旦说出，后果只得自负啦。

是这个年纪了，对健康也诚惶诚恐得多。逼迫自己锻炼之余，偶有食甜的瘾头，也不忘粗粮入馔；亦似此谷物条，太酥，拿起放下都需谨慎。只求有生之年，知己两三，快乐长久。

原 料

核桃 50克
即熟燕麦片 150克
蜜豆 50克
红糖 40克

黄油 10克
蜂蜜 10克
蛋液 20克
白糖 10克

烘焙：180℃ 中层 上下火
20分钟

做 法

1. 用平底不粘锅少油小火焙香核桃。
2. 将麦片、核桃、蜜豆放进一个大碗内。
3. 一个不粘的奶锅里放进白糖、红糖和黄油，小火将糖煮化。
4. 煮好的糖液中倒入蜂蜜，拌匀。
5. 趁热将4倒入2中，搅拌均匀，再加入蛋液。
6. 倒进模具中，用力压实后，放入烤箱烘烤。

小贴士

1. 可以加葡萄干、蔓越莓干之类的果干。
2. 核桃炒一下或者放进160℃的烤箱烤5分钟，不然核桃会略有苦味。
3. 糖液必须趁热搅拌，不然容易结块。

Grain cookies
谷物条
胆小鬼

31

蜂蜜小蛋糕
——珍藏于心中的童趣

难度：一般简单 ★★☆☆☆
时间：25分钟
价格：6元　￥6
分量：2人份
口味：香酥软糯

第一章 烘焙类

"外面下雨呢。"外婆见我双手扒着窗台，眼神一刻不转地盯着远方雾一般的大雨，其实是什么都看不见的，只盼望下一秒妈妈从那雾里钻出。

"这样的天气妈妈就会不记得给我买蛋糕了吧。"心里有两只小鹿在打架，一只希望妈妈给我买盼了好几天的蛋糕，一只希望妈妈记不得，雨太大，不安全。最后到底哪只小鹿赢了，我忘记了。

妈妈比平时晚到家了，外婆劝我吃饭，我不听，担心着妈妈的安全，就这样一直趴在窗沿上望着，直到饭菜都凉透，热过一遍。

这是二十多年前的一个傍晚，大雨滂沱，头天晚上妈妈答应给我买蛋糕。不知何故，那一天的盼望与等待的记忆片断特别尖锐，总在某个瞬间突兀地立在我面前，丝毫不理会时间这玩意儿。

妈妈沾满雨水的脸终于出现在视线内，我飞奔着出去，扑在她怀里，泪水"哗"地奔出眼眶，还好雨很大，淹没了。妈妈将我抱进房间，来不及清理衣襟上的雨水，从包里拿出一包蛋糕。

那天的蛋糕异常美味，蓬松绵软，浓浓的蛋奶香和清甜的蜂蜜味儿是能够清晰品味到的，差点吃到我哭出来。此后又吃过无数次同样的蛋糕，但都不及那天的好吃。

当时的蛋糕很单调，只有几种，最普遍也最好吃的是有几个花瓣样子的蜂蜜蛋糕。后来，蛋糕的种类逐渐热闹起来，尝过数种之后，兜兜转转依然钟情最原先的。

偶日，忽然发觉街边多了很多家蛋糕铺，都是打着"无水蜂蜜小蛋糕"的品牌，基本不卖其他的糕点，声称可室温放置半个月不坏。买了半斤回家，一口咬下去，除了甜味其他都感觉不到。甜是咄咄逼人的，毫无蜂蜜与蛋的天然香气。随手放在一旁不去理会，过了一个月收拾东西时才又看到，真如所说没有变质。是果然真材实料，还是添加剂太多就不得而知了。

甜点，
再甜一点

原料

鸡蛋 3个（约180克）　　低筋面粉 100克　　盐 1克
蜂蜜 50克　　　　　　　橄榄油 20克　　　　烘焙：180℃ 中层 上下火
细砂糖 40克　　　　　　牛奶 20克　　　　　20分钟

做法

1. 将鸡蛋打进无水无油的干净碗里。
2. 倒入蜂蜜和细砂糖，隔水加热，用手动打蛋器搅拌均匀。
3. 当蛋液达到36℃左右时，不再加热。使用电动打蛋器打到蛋液变白，拎起打蛋器时，蛋液可以流畅地落下，痕迹5秒钟才逐渐消失。
4. 将低筋面粉分两次筛入打好的蛋液中。
5. 采用切拌的方式，进行搅拌，直到看不到白色粉末。
6. 另取一个干净的碗，将橄榄油与牛奶混合。
7. 以手动打蛋器快速搅拌，使橄榄油充分乳化。
8. 取三分之一面糊倒进7中，拌匀后再倒回面糊中，混合均匀。之后倒入蛋糕模具至九分满。
9. 放进预热的烤箱烘烤，完成后取出脱模。

小贴士

1. 比起一直放置在常温下的鸡蛋，刚从冰箱里取出或取出后再放至常温的鸡蛋更容易打发。
2. 打蛋液时，可先用3挡位，边打边观察形态，最后用1挡位做调整。
3. 泡打粉要与面粉混合后才能使用，否则容易结块。
4. 搅拌时，用刮刀将面粉由底部铲起翻上来，速度要快，尽量避免消泡过多。
5. 对于不防粘模具，在倒入面糊前，先用油将模具内涂抹一遍，再撒上糕粉，防止粘连。

蜂蜜小蛋糕
Honey mini cake
珍藏于心中的童趣

32

抹茶红豆麦芬
——开始的理由

难度：一般简单　★★☆☆☆
时间：50分钟　◎
价格：10元　￥10
分量：6个
口味：香浓

第一章　烘焙类

我不是一个酷爱甜食的人，对于怎么会走上烘焙这条路，大约有些"人云亦云"的味道。其实最初也被"烘焙的难度好像很大哦"和"烤出来的东西没人吃怎么办"这样的问题困扰着，因此迟迟没有开始。

有次我回北京探亲，在火车上遇到一位小女孩，差不多四五岁的年纪。她闹着妈妈讲故事，当听到"森林中住着一只小鹿，小鹿是个钢琴家，它每天早晨都会用琴声唤醒睡梦中的森林……"时，小女孩突然用稚嫩的小手拉住她妈妈的胳膊，晃动着说："妈妈，妈妈，我也要用琴声唤醒你和爸爸。"

妈妈看看她，笑着说："好啊。"

"那我们明天就去买钢琴吧！"小女孩眨着大眼睛一脸认真的神情。

妈妈这才醒悟，这次不是随便答应一下就可以应付的。她望着小女孩，也变得认真。"妮妮真的想去学钢琴吗？学钢琴可是很苦的。"

"嗯，我真的想学呢。想弹好多好多好听的歌。"

"但是钢琴很贵，爸爸妈妈要努力工作很久才能买得起。"

"哦，那妮妮也会很努力地学习。"

"周末学习钢琴就没法去动物园玩了哦，平时从幼儿园回来也没有时间看动画片了。而且，新衣服和玩具可能也会变少。"

小女孩撅起嘴，两个黑眼珠在眼眶中滴溜溜地打转，仔细地盘算着。过了一会儿，她像下定决心般问："那妮妮的钢琴弹得好，爸爸妈妈会不会很高兴呢？还有姥爷、姥姥和爷爷奶奶，他们也会很高兴吧？"

"那当然了，全家人听到妮妮美妙的琴声都会高兴的。"

"那他们高兴了，也会买东西给我的，对吧？"原来，这小丫头的算盘响在这里啊，不但妈妈，就连在旁一直默不作声的人，听到这里都忍不住笑起来。

小女孩后来有没有学琴不得而知，回家后，我上网定了烤箱。一个小女孩的坚持，或许只不过是一时兴起，却让我看懂：越洁净、单纯的想法越能鼓舞进取，而那些迟迟不肯开始的理由，其实是自己懒惰的借口。

原料

低筋面粉 90克
抹茶粉 9克
泡打粉 4克
黄油 50克

细砂糖 50克
鸡蛋 1个（约60克）
鲜奶 60克
蜜红豆 50克

烘焙：180℃ 中层 上下火 20分钟

做法

1. 将低筋面粉、抹茶粉与泡打粉混合过筛待用。
2. 黄油切成小块，于室温软化后，用电动打蛋器低速打散。
3. 加入细砂糖，先手动将糖、油混合拌匀，再用电动打蛋器低速转中速将糖、油打至膨发。
4. 蛋液分次少量加入黄油中，每次需迅速打至完全融合，方可继续加入。搅拌好呈乳膏状。
5. 将过筛后的混合面粉和鲜奶分两次加入黄油中，用刮刀略拌匀。
6. 向混合好的面糊中加入蜜红豆，用橡皮刮刀拌匀。
7. 将面糊用汤匙置于模具内至七分满，在表面另撒一些蜜红豆装饰。放入预热好的烤箱烘烤。

小贴士

1. 注意黄油与糖打发这个步骤,一定要确保打到膨胀。
2. 绿茶粉与抹茶粉不同。抹茶粉做的成品色泽呈浅绿色,味道清甜,价格也较绿茶粉贵;绿茶粉做出来的成品色泽泛灰泛黄,有微苦味。
3. 面糊也可以装入裱花袋中再挤入模具。

Matcha and azuki beans muffin

抹茶红豆麦芬

开始的理由

33

巧克力费南雪
——永不落空的幸福

难度：一般简单　★★☆☆☆
时间：30分钟
价格：8元　￥8
分量：9个
口味：香浓巧克力

偶尔我向好友CC抱怨："若我老公有你老公一半的细致与浪漫我就很满意。"他们驾车经过大梅沙时，她老公会一声不响地下车，过了几分钟，提着一只烤乳鸽出现；她转载一条如何挑选榴莲的微博，回到家看到她老公已经将榴莲切好在等她了……诸如此类，我每每说起，CC总说："谁说你老公不懂浪漫，上次你老远飞回来的时候，人家不是又鲜花又钻戒、还挂满整屋的彩灯、亲手制作提拉米苏和很有爱的PPT吗？""是啊，可是第二天我登高爬梯清理了一天的LED，而且重点是：每次你能想起来的和我能想起来的都只有这么一次而已！"

老公是个神经极其大条的人，偶有浪漫举动，多半还是朋友们出谋划策，群策群力；我转载一些美食店的地址给他，目的就是希望他在看到后会说："老婆，我带你去吃××吧！"或者直接买给我，可惜，未有一次如愿；他直白的激动总会跑出来破坏需要保留到最后一刻的浪漫。譬如，买好节日礼物后就会十分压抑不住内心的激动告诉我："你今年的××节礼物是××哟！"搞得节日当天气氛全无。

他就像个孩子，心里能容下秘密的空间很小，大概因此很难搞定浪漫这件事吧。然而，他会默默吃光我做的所有的菜，哪怕是失败的；在我工作时，端来一杯水；我不开心时，做尽鬼脸哄我开心；偶尔卖萌，还要问"老婆，你不觉得我很可爱吗？"；冬天，我若起夜，再上床时，他定将我紧紧揽入怀中，包裹好被子，人却还在熟睡中，完全一种本能的反应；他会记得买我就快吃完的药，却永远不会买回一束鲜花……

与细致的人比起来，他的爱太粗糙了。

但这正是他爱我的方式，如潺潺泉水，波澜不惊，却无声地滋养了我心灵的干涸。虽缺少浪漫的情怀，却有随时可以取用的暖意。

就像费南雪，调好面糊，放入冰箱，待想吃时，永不落空。

原 料

蛋白 60克
白砂糖 42克
黄油 60克

低筋面粉 24克
可可粉 6克
杏仁粉 50克

蜂蜜 6克
烘焙：180℃ 中层 上下火 15~20分钟

做 法

1. 蛋白与白砂糖混合。
2. 黄油熬成焦糖色，放至冷却。
3. 将低筋面粉、可可粉、杏仁粉加入到1中，搅拌均匀。
4. 在冷却的焦糖中加入蜂蜜。
5. 将4加入3中，搅拌均匀。
6. 模具内部刷一层软化的黄油或者橄榄油。
7. 将调好的面糊倒入模具至八分满，之后烘烤。

小贴士

1. 白糖倒入蛋白中后,静置一会儿,再用手动打蛋器搅拌,可轻松使白糖完全溶化。
2. 黄油加热融化后,底部可能会有少许黑色的渣滓,应过滤后再用。
3. 烤好的费南雪放入冰箱里冷藏一晚,会更加润泽。
4. 费南雪的面糊调好后,如有剩余,可放入冰箱冷藏,待想吃时再进行烘烤。

巧克力费南雪
Chocolate Financier
永不落空的幸福

34

三色辫子面包
——食物中的坚持

难度：一般简单　★★☆☆☆
时间：2小时　　　◐◐
价格：15元　　　￥15
分量：4人份
口味：香醇

第一章 烘焙类

前两年认识一位朋友，他当时的正式职业是工厂的焊工（或者差不多同类职业），副业是婚礼摄影师。扶好你的眼镜，别让它掉下来，在小城市这种奇怪的"合体"多的是，早已不值得惊奇。当然，我们是因他的后一种身份而结识。

一日，三个人坐在一间小餐馆中吃午餐，我才点一盘香椿拌豆腐，就被制止。他连连摇头，把我至爱的豆腐pass掉，语重心长地说："在外面吃饭，不要点豆腐。"

"想当年，我也卖过豆腐。"此话一出，轮到我扶眼镜——到底还有什么职业是他没做过的！于是，一场有关"豆腐"的谈话就此展开。

David在菜场卖豆腐时（卖豆腐也有英文名！），市场竞争还不像如今这么激烈，但他还是败下阵来。是他做的豆腐不够好吗？NO！恰好相反，他早上四点起床将浸泡了整晚的豆子磨成浆，然后开始做豆腐、豆干、豆浆等一系列加工品。因为用料好，做工精，他的豆腐总是早早卖光。这样应该是很好啊，问题出在价格上，David的豆腐定价与其他小作坊出品的一样，但精力、体力、原料费等综合成本却要高出许多，一个月下来，精确计算，不赚反赔。

David略微调高了价格，市场便不再搭理他。因为不肯做黑心豆腐，最后只得放弃做豆腐。所以，在外他是不吃豆腐的。

我想起我哥，无论在北京哪个饭店吃饭，他都要点一只烤鸭，不会因为人少而点半只。我问过缘由，他不肯说，这里一定是有故事的，我肯定，而且一定是关于他刚来北京时的奋斗与坚持的血泪史。身为餐厅经理的他，在外就餐从不点带馅食物，譬如包子饺子，无论几星级饭店，一视同仁。现在我也不点，他见识的比我早，知道的比我早，如是而已。

现如今，越来越不够胆叫外卖，家里吃的再敷衍也是放心的，连面条都自己压了。这三色拧巴的面包，绿色是抹茶，咖色是朱古力。一口下去未必唇齿留香，却会有天性纯良的回味。食之安心。

原料

干酵母 3克
牛奶 150克
高筋面粉 225克
糖 30克

鸡蛋 半个（约25克）
盐 少许
黄油 10克
抹茶粉 2克

水 2小勺
可可粉 6克
烘焙：
190℃ 中层 上下火 25~30分钟

做法

1. 将干酵母溶于温牛奶中，静置5分钟，再与面粉、糖、蛋液、盐混合。和面15分钟后，加入黄油和至扩展阶段。
2. 将面团平分成3份，抹茶粉用1小勺水拌匀后，加入其中一份中，制成抹茶面团。可可面团如法炮制。
3. 室温发酵45分钟后，体积变成原先的两倍大。用手指蘸少许面粉戳面团的中央，面团不回缩表示发酵成功。

4. 将每种颜色面团再等分成3份，盖上保鲜膜，静置15分钟。
5. 取白、绿、咖啡色面团各一个，搓成长条状。将一端捏在一起。
6. 好像编辫子一样，编起来。

7. 把首尾从反面相接在一起。

8. 放在烤盘中进行二次发酵40分钟。

9. 涂上蛋液，进行烘焙。

三色辫子面包
Three color braid of bread
食物中的坚持

小贴士
1. 温热的牛奶更适合发酵。
2. 粉末和面不易和匀，加入少量水和匀再放入面团中。

35

红茶磅蛋糕
——标榜

难度：一般简单 ★★☆☆☆
时间：1小时 ◉
价格：15元 ￥15
分量：6个
口味：香醇

第一章 烘焙类

大学毕业第二年，初次到上海。在此之前曾多次去往北京，北京也是繁华的，但与上海不同，上海的繁华是年轻的，没有负担的，到处都吞吐着崭新的空气。鸽子撩拨过的弄堂，显得洋气无比。

站在人潮涌动的南京路，望着天空被鳞次栉比的高楼大厦切割得不像样子。全身心处在楼宇阴影中的我，细如微尘。那时，只想着有天能占有楼宇广告牌中一款名牌手提袋、一件昂贵衣服、一款貌似有气质的金丝边眼镜……在高入云端的写字楼里"指点江山"。

大上海的繁华依旧，高耸的广告牌换过了一季又一季。对于富人来说，有些衣服买过，还未来得及"临幸"就已过时，又要预备下一季的。

三楼的文员小李，茹素加清苦生活，半年拼回一个LV。知者佩服她的毅力，不知者皆背后议论她当了小三或是用襄阳路买来的A货充门面。小李忘记了她一身平价衣衫，配一只LV最新款，着实突兀了些。于是，下个半年，她又接着奋斗，奔着一身名牌去了。日后，一身光鲜地被人诟病，她或许当了真的尼姑或真的小三去。

住别墅的阔太太一身PRADA，拎着GUCCI出门，趾高气扬，鼻孔与蓝天"狭路相逢"。左邻右舍遥相呼应大赞其人美包靓。殊不知这包是昨天她老公所谓的朋友送上门的，这所谓的朋友又托了朋友从香港带回。谁知所托非人，那朋友拿着钱去风流快活，带回来不过是高档A货罢了。

在高档西餐厅里喝咖啡，与在家里喝咖啡，喝的是同样的咖啡，感觉也是不同。前者喝气质，是要喝给别人看的，后者喝品位，是品给自己知的。抑或是自家烘烤一块蛋糕，在满室天然香气中就着咖啡悄悄落肚，而不是大叫着："Waiter，给我来一块……"哦，你看着办吧。

甜点，
再甜一点

原　料

红茶包 4个
水 30毫升
淡奶油 30克
黄油 100克

红糖 60克
鸡蛋 2个（约120克）
朗姆酒 1小匙
低筋面粉 150克

泡打粉 3克
盐 少许
烘焙：180℃ 中层 上下火
30分钟

做　法

1. 3个红茶包加水，放在火上中火煮沸后转小火，继续煮2分钟。
2. 在煮好的茶里加上淡奶油，煮至快要起泡为止。
3. 把软化的黄油打散后，加入红糖搅拌均匀。
4. 鸡蛋打散后，分三次倒入黄油中，边倒边搅拌。
5. 加朗姆酒拌匀。
6. 倒入过筛的低筋面粉、泡打粉和盐，把剩余的一个红茶包也拆开倒进去。
7. 最后加入30克做好的奶茶。
8. 搅拌均匀，变成黏稠的糊状。
9. 倒进模具中，放入烤箱烘烤。

小贴士

1. 黄油、鸡蛋、淡奶油要提前放至室温。低筋面粉、泡打粉和盐要一同过筛。
2. 若没有茶包，也可以把茶叶磨成粉来用。
3. 朗姆酒既能去除蛋的腥味，又能使蛋糕味道更好。
4. 蛋糕表面会自然开裂，很好看。

红茶磅蛋糕
Black tea pound cake
标榜

36

低脂麻花甜甜圈
——前奏

难度：一般 ★★★☆☆
时间：4小时 ◎◎◎◎
价格：10元 ￥10
分量：3人份
口味：肉桂香

第一章 烘焙类

好友几日后将举行婚礼,下午在她家帮忙,几个人折喜糖盒折到手软。将小小的精致糖果一颗颗塞进喜糖盒,带着真诚的祝福,希望得到它们的人,也好似我这般衷心许愿:祝新婚之人一生幸福。

这几年,身边的朋友逐渐结了婚,我算是同龄人中较晚的。这么多年在爱情的体验中早已领悟,婚姻或许只是为了合法地繁衍后代,爱情不会因此得到保养或加速腐烂。

好友说:"早知道兜兜转转还是要嫁了这个人,不如几年前就嫁了,孩子生了,现在倒也逍遥自在。"我说:"是啊,早知道23岁就生孩子,之后出来闯世界什么都不耽误。不然就再等等吧。"

等什么?大概也没有明确的目标。23岁连爱情、家庭是什么恐怕都没能清醒认识,等有了体悟却不知不觉跌跌撞撞到了尴尬的年龄,唯有再等等,既然已无法享受"早生产恢复快"的优先权,那就希望等到有个相对宽松的环境再说吧。尽管有如此期望,但deadline还是存在,譬如35岁?说不清楚。

或者也有其他选择,不再增添地球负担,世界那么大,需要的爱那么多,大气些去爱那些被爱遗弃的孩子们,这并没什么不好,并非只有传统的爱才是爱。

爱情是婚姻的前奏,婚姻是繁衍生息的前奏……前奏已奏响就会顺理成章唱到副歌。只是,这两个人合唱的歌,要随了共同的心意,并不受外力的影响,才能和顺地唱到最后。愿所有有情人,哼着前奏不跑调地唱完副歌。

甜点，再甜一点

原料

高筋面粉 200克
糖粉 15克
橄榄油 10克（没有可用植物油代替）

奶粉 15克
盐 3克
干酵母 4克
清水 145毫升

糖 适量（撒表面）
肉桂粉 适量（撒表面）
烘焙：190℃中层 上下火 25~30分钟

做法

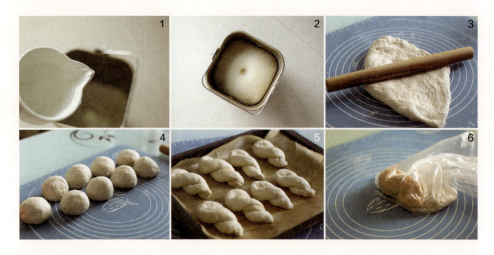

1. 将高筋面粉、糖粉、橄榄油、奶粉、干酵母、盐（不要碰到干酵母）混合，加入温热清水，揉搓面团至能扩展阶段。
2. 发酵1小时左右，体积为原先的两倍大即可。
3. 将面团取出，擀出其中的气泡。
4. 分成平均的9份，松弛15分钟。
5. 用手搓成20厘米左右的长条，拧成麻花。之后再发酵25分钟，然后放入烤箱烘烤。
6. 烘烤后的面包趁热放进混合了糖和肉桂粉的袋子中，蘸上混合粉即可。

低脂麻花甜甜圈
Low fat doughnut
前奏

小贴士

1. 如何用面包机和出嚼劲十足的面团：我通常的做法是这样的，以25℃的日常气温为前提，首先干酵母用温水溶开，放置5分钟，之后加入面团中，进行和面。面包机选择发面挡，先完成一次和面，取消程序再重新选择发面挡，这次和面时，可以打开盖子起到降温的效果，之后进行发酵，大概45分钟就可以完成，不用等到程序结束。
2. 扭好的麻花很容易回形，可少量加水固定。或者选择传统的圆形。
3. 刚烤好的面包外壳会稍稍有点硬，放过一夜便会回软。

37 肉桂卷
——电影中的美食艺术

难度：中等　★★★★☆
时间：2小时　◎◎
价格：15元　￥15
分量：12个
口味：浓郁核桃肉桂香

第一章 烘焙类

半夜看电影是我的爱好，清静优雅的夜全给了一部部好电影。这种喜好追随了多年，也成了习惯。似乎再好的玩乐，也抵不过午夜的一杯清茶，一部暖心的影片。

电影的选择并没有太多的讲究，既然开了头，只要不太缺乏营养，都会坚持看完。有时，看电影如同爬山，无限风光在险峰，只有到了最后，才能看清整体面貌，才能评定一部影片的优劣。有时，看电影如同听歌，有些歌曲只有副歌好听，有些则每个音符都优美。

深夜观看与美食有关的电影，是需要极大意志力的。尽管多数时候美食只是媒介，是"输送血液的管道"，但又太过抢眼，尤其出现在晚饭过后的4小时。

午夜12点，捂着肚子阻止食欲来袭，同时思考美食的力量，极具挑战力。

以美食"为媒"的影片很多，贪吃如我，对于此类型影片总有不一样的情感投注，因此记忆也更牢固。

《茱莉亚与朱丽叶》《料理鼠王》《美味情缘》《海鸥餐厅》《浓情朱古力》……诸如此类，多得几乎赶上我吃过的美食。

带有香味的影片大多打美好的温情牌，似乎吃是件"天生丽质难自弃"的事情，永远难过不起来。

《海鸥餐厅》中，幸惠在远离故乡的芬兰经营一家名为"海鸥餐厅"的日式餐馆，她希望能用简单温暖的日式传统美食饭团来吸引客人。无奈一直门可罗雀，日本迷的芬兰小伙每次到来也只是为了一杯免费咖啡。三个老太太经常路过，却只是在门口指指点点。直到有一天，幸惠烤了芬兰人喜爱的肉桂卷，那香味不断吸引路人，店里才真的热闹起来。此后，不但肉桂卷，慢慢地，日式料理也被人接受。幸惠用勤劳与智慧酿造的美食，使她扎根芬兰，收获了友谊与财富。

美食充当的角色太多，也太重要。它能贯穿几十年的味觉，成就忘年交，它能成为男女情爱的催化剂，也能让远隔天涯的人心瞬间相聚，甚至化解城池之间的矛盾……但，无论如何变化，都众所一致地指向"爱"这个本质！

所以，它是悲伤不起来的，就像爱过的人从不曾离去那样，会永远在我们心中成就一段隽永的美好。

甜点，再甜一点

原料

面团——
干酵母 5克
温水 70毫升
高筋面粉 250克
鸡蛋 1个（约60克）
白砂糖 20克

黄油 20克
馅料——
黄油 40克
红糖 100克
肉桂粉 3克
核桃碎 80克

糖霜——
牛奶 15克
白砂糖 50克
烘焙：180℃ 中层 上下火 22~25分钟

做法

1. 将干酵母与温水混合静置5分钟。除黄油外，其他面团原料倒入面包机，再将酵母水倒入面包机。设定到发面挡位开始和面，20分钟后加入黄油。
2. 发酵好的面团体积为原先的两倍。
3. 用擀面杖为面团排气，然后将面团擀成厚薄均匀的面片，厚度约为5~8毫米。
4. 制作馅料的黄油软化后，加上红糖、肉桂粉与核桃碎。
5. 搅拌均匀，直到黄油没有块状为止。
6. 将馅料均匀地涂抹到面片上。
7. 将面片由一侧卷成条状。
8. 用刀切成大小均等的12份，最后发酵40分钟。放入预热好的烤箱内烘焙。将牛奶与白砂糖混合后小火加热至略带黏稠，然后稍稍放凉即成糖霜（没有亦可），肉桂卷出炉淋上即可。

肉桂卷
Cinnamon roll
电影中的美食艺术

小贴士

1. 馅料很容易粘在烤盘上,烘焙时底部可以垫上油布垫子。
2. 天气冷时,黄油无法自然软化,可用温水隔水加温使之软化。
3. 使用烤箱烘烤前,需确认烤箱已经预热,一般预热时间为15分钟。

38

芝士肠仔包
——人生中的重要一课

难度：一般　★★★☆☆
时间：2.5小时　●●◐
价格：15元　￥15
分量：10个
口味：咸香

第一章 烘焙类

烤好的面包摆在餐桌上，先生进家门便嚷嚷着肚子饿，我在厨房中应他：:"桌上有面包，先吃一个吧。"待我做好晚餐，10个小面包竟下去了多半，先生窃笑地看着我，貌似无奈地说："没想到这么好吃，没刹住车。"

是应该想不到的，因为它看起来平凡得很，哪料内心强大。如此一说，便令我想起一个人。

多年前，我初入社会，在一家设计公司做初级设计师。那时的我年少轻狂，被设计行业的光鲜时尚蒙了双眼，常常将整月的工资都"穿在身上"。公司里有个小女孩，不修边幅的穿戴与清汤挂面的脸，在一群衣着光鲜、妆容精致的男女中蔚为扎眼。

大家搞不懂，老板为何会招这样的人，似乎这是公司的耻辱。公司中几乎所有人都狠狠贬低过她，甚至在她经过时阴阳怪气地喊一句"乡下人"，声音不高不低，恰好让周围同事掩面而笑。好像只有她听不到，丝毫不受干扰。

她没有实质性的设计工作，都是些端茶倒水、冲咖啡、叫外卖的琐事，是公司中最没有价值、但却最忙碌的人。时常一整天都无法落座，这当中自然还包括有些同事的无理取闹。

有段时间我常常加班到半夜，每次想起身倒水都发现杯子是满的，有次刚好碰到她放回杯子，她对我微笑一下，用不标准的普通话说："熬夜多喝水。"我随口应道："谢谢。"

半夜收工，见她在前台出神地看书，走近才看清是本计算机基础。我借此与她交谈，一来二去知晓了她不欲人知的悲催身世：她自幼丧母，初中时父亲又因病去世。从此辍学被寄养在亲戚家的她，忍受非人虐待，时常被打得体无完肤。这样的日子挨了两年，一天我们的老板到乡下采风，恰巧寄宿在她家里，偶然见到不堪的一幕，遂将她带回了北京。老板劝她用法律来保护自己，她却以德报怨，哭着求老板不要将亲戚告上法庭。

她讲完时，我的脸颊已被泪水打湿，因为怜悯，因为羞愧，因为华美衣服下掩盖的丑陋的心，因为想都没想过，电视情节竟鲜活地与我的生活接轨。

此后，有空我便教她一些电脑知识，我不在乎同事的眼神，他们都说我疯了，与这样的人交往。勤奋聪明的她，很快学会使用电脑，两年后我离开北京时，她承接了我曾经的位置——初级设计师。

曾经我问她为何将秘密告诉我，她说我是第一个对她说"谢谢"的人，而且没有叫她"乡下人"。

多年后的一天，我正在阳台上浇花，电话响起，接通后是一个甜美的声音，完全听不出曾经的蹩脚口音，只是真诚一如往昔。"姐姐，谢谢你。""不，谢谢你。"我俩都笑了，感谢对方在彼此的人生中那浓墨重彩的一课。

原 料

面团——
高筋面粉 260克
酵母 5克
水 125克
鸡蛋 25克
蜂蜜 25克

奶粉 10克
黄油 25克
盐 3克
馅——
芝士片 8片
火腿肠 4根

其他——
蛋液 适量（涂抹用）
烘焙：200℃ 中上层 上下火 18分钟

做 法

1. 鸡蛋打散，加入面团的全部材料（除酵母、黄油）中拌匀。
2. 酵母用温水溶化开，静置5分钟后，倒入1中。
3. 采用后油法，加入黄油将面团揉搓至扩展阶段。
4. 揉搓好的面团发酵45分钟后，体积变为之前的两倍。将面团取出，用手掌按压排气。
5. 将面团平分成8个面团，静置15分钟。
6. 取一个面团揉搓拉扯成圆柱状。
7. 用芝士片卷起半根火腿肠。
8. 再用面团缠绕住，不要露出芝士。
9. 最后发酵45分钟后，用蛋液涂抹在表面，放入预热好的烤箱烘烤即可。

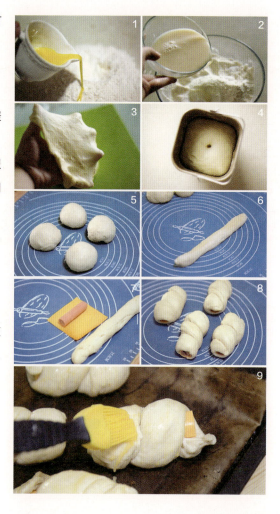

Cheese and sausage bun
芝士肠仔包
人生中的重要一课

小贴士

1. 要想制作合格的面团，请务必先确定酵母的活性。若酵母开封后长时间存放在常温环境中，易失去活性。
2. 发酵好的面团，用手指在中间戳一个洞，洞的形状能维持不变。
3. 面团缠绕火腿肠时若回缩变形，可用少量水粘连定型。
4. 请放入烤箱前涂抹蛋液，过早涂抹会造成面团塌陷。

39

黑加仑奶香排包
—— 好爱情，坏爱情

难度：一般简单　★★☆☆☆
时间：2小时　　　◎◎
价格：8元　　　　￥8
分量：9个
口味：奶香

小雪与相恋3年的男友分手了，因为小雪不愿随男孩去南方，她早已习惯家乡小城安逸的生活，去了南方像被斩断双臂，失去劳动能力。

再见小雪是她与男友分手1年后，我约她来公司坐坐，她穿着宽大的裙衫，走起路来依旧风风火火，面色红润不少。晚上去吃涮羊肉，帮她点最爱的啤酒，她却说喝不了，再过几个月就要当妈妈了。我指着她的肚子，一脸惊讶，她点头，满面荣光。

接下来的几个月，我忙着调整刚刚变迁的生活以及我的情绪，开始富有挑战性的工作。春节时，小雪已生完孩子两个月，我打了电话才知道。责备她为何不叫我去喝满月酒，她说请的全是老公的朋友，我愕然，没有追问。

之后去探望过她几次，很难得才见她老公一面。一日忍不住问起，她没有隐瞒地告诉我说，她老公经常下班后与朋友去喝酒，每次都喝至烂醉如泥，回家都要她善后，所幸并无出现酒后打人、家暴等悲剧，平日对孩子也亲昵得很。我只说夫妻间还是多沟通吧。

空闲时，我打电话约她吃饭、聊天，她将孩子往婆婆家一放就跑出来，倒也乐得个轻松自在。不过晚上8点又要匆匆往家赶，孩子晚上看不到她会哭闹不停。之后，再约会她只能带上孩子，晚上照样要回家伺候醉酒的老公，日夜忙活着。

孩子1岁时，她说想离婚，除了喝酒外，老公还有其他沟通数次仍不见改观的问题存在。我说，孩子还小，你要想清楚，最重要的是未来的方向。其实，我更想问她，结婚时是否想清楚过。不过，太迟了。

又过了一年，也就是现在，她已与老公分居。身边的朋友尽数支持她离婚，搞到她自己也纳闷了：怎么连我妈都支持离婚呢？不是劝和不劝分吗？

为何所有人都与传统观点背道而驰？

某天你丢失了一件心爱的玩具，上街去找，找来找去却都不是一样的，无奈随便买了一件回家。很快发现这件玩具并非你喜欢的，它脱毛、不耐脏、不好清洗……种种免不了的弊端，唯有丢掉重新换过。

或许，这件玩具曾给过你短暂的欢愉，填补过你的空缺，让你以为快乐又回来了。假象消失后，如果你不能找到它值得欣赏的角度，痛苦便会逐日浮现。

一段盲目开始的爱情，若经受不住时间的流逝，就会变质。一个坏了的面包唯有果断丢弃，才不致满屋生臭。

原 料

高筋面粉 270克
黄油 25克
白糖 50克
牛奶 145克
鸡蛋 1个（约60克）
奶粉 15克
盐 2克
干酵母 6克
蛋液 适量（涂抹用）
黑加仑干 适量（提前用清水或朗姆酒泡软）

烘焙：170℃ 中上层 上下火 20~25分钟

做 法

1. 鸡蛋打散，与高筋面粉、白糖、盐、奶粉混合。
2. 将牛奶加温至30℃左右，加入干酵母静置5分钟，之后与1混合。
3. 采用后油法，加入黄油将面团揉搓至扩展阶段。
4. 进行45分钟至1小时的基础发酵，发酵好的面团体积变为原先的两倍。
5. 将面团放在案板上，以掌心按压排气，然后等量分割成9份，进行15分钟的中间发酵。
6. 取其中一个面团，擀成长条状，撒上适量的黑加仑干。
7. 由一端向另一端卷起。
8. 卷成蛋卷的形状后，可稍加整形成略圆的形状。其余的8个依次操作。
9. 将卷好的面团整齐地摆入烤盘中。
10. 在温暖的地方或者利用烤箱的发酵功能进行45分钟的二次发酵。45分钟后，面团已经充满了烤盘。
11. 在面团表面涂抹蛋液，放入预热后的烤箱中烘烤。

黑加仑奶香排包
Blackcurrant milk bread
好爱情，坏爱情

小贴士

烤10分钟观察到上色后，请注意加盖锡纸，以免上色过深。

40 菠萝包
——我的小确幸

难度：中等 ★★★★☆
时间：2小时
价格：12元　¥12
分量：6人份
口味：松软香酥

第一章 烘焙类

说起菠萝包，很轻易就联想起早年间的那部温情动画——《麦兜之菠萝油王子》，当年热血的我或许没能完全明白其中的含义。菠萝包烤上时，香气勾兑着回忆，竟又想念起那部电影了，于是细致地重温，读懂了此间的小确幸。小确幸——微小而确实的幸福。一句温暖的话被浓缩成几个没太多关联的字，提炼得精妙。

人生如同一场觅食，匆忙地找寻自以为是的幸福，那些被精心挑选放入精选集的，再次翻阅时，却可能乏善可陈。而许多瞬间的感受，在当时或许没有意识到它的存在，回忆中却成为实在的幸福。

我不否认，多数时候，记忆会被非理性地渲染出醉生梦死的浪漫气息。果真如此，何不活在当下，留意可能被忽视的瞬间，好好感恩突然出现的小美好。

低下头，摊开的掌心洒满阳光；转过身，阴影被踩在脚下；推开家门，烤面包的香气袭来；甚至街角晒太阳的懒猫……体悟微不足道的事情带来的小美好，那世俗的烦恼，撒了一地的尘，也能被轻易打扫，陈旧的欲望此刻不过成了幻象。

在红尘中呆久了，慢慢体会，不一定要花团锦簇，喜极而泣才算幸福，有些微小到被忽视的瞬间才是构成好心情的根本原因。

于是，我学会捕捉尘世中最朴实的美好，用一个面包的气味缱绻一个平静的午后，学习菠萝油王子，哪怕假装，这个下午，也要让全世界为我做一回配角。

甜点，
再甜一点

原 料

包体——
酵母 5克
温水 150克
高筋面粉 250克
低筋面粉 50克
糖粉 30克
黄油 15克
酥皮——
黄油 50克
糖粉 50克
鸡蛋液 60克（40克混合，20克涂抹表皮）
低筋面粉 110克
烘焙：180℃ 上下火 15分钟

做 法

1. 酵母与温水混合后静置5分钟，与其他做包体的原料（除黄油外）一同倒入面包机中（如用手和面，做法一样）。揉搓面团20分钟后再放入自然软化的黄油。
2. 经过和面与发面，面团体积变为原先的两倍大。
3. 用擀面杖将面团中的气体排出，然后等分成6份，进行20分钟的中间发酵。
4. 酥皮所需的黄油自然软化后，利用手动打蛋器打散，然后加入糖粉打至发白。
5. 再倒入40克鸡蛋液，混合均匀。
6. 加入过筛后的低筋面粉，大面积地揉拌均匀。
7. 用手揉搓成不粘手的酥皮面团。
8. 将酥皮面团6等分，取出1份压扁后，包裹住包体面团。
9. 用小刀在酥皮表面划出交叉网纹，最后发酵30分钟，涂抹蛋液后进行烘焙。

小贴士

1. 酥皮面团比较黏,在按压成圆形时,为防止粘在案板上,可预先撒少许手粉在案板上。
2. 菠萝包烤好后趁热切开,夹入黄油,就是风靡香港的菠萝油了。
3. 咖啡、奶茶是菠萝油的最佳拍档。

菠萝包
Pineapple bun
我的小确幸

CHAPTER

第二章

DESSERT

甜品类

烦恼很多，但美味的甜品随时可以让我微笑。

No bake Cake
免烤蛋糕

 Refreshments
茶点

 Pudding
布丁

1

铜锣烧好啦
——爱与被爱的幸福

难度：一般　★★★☆☆
时间：50分钟　◉
价格：8元　￥8
分量：12个
口味：香甜

我想，大多数国人知道铜锣烧是因为《哆啦A梦》吧。不管《深夜食堂》再深邃，《料理仙姬》再美妙，都无法取代哆啦A梦的隽永。

大雄临死前对哆啦A梦说："去吧，离开我好好的生活。"于是，哆啦A梦回到了两人相识的最初，笑着打招呼："Hi，你好，我是哆啦A梦。"

正如哆啦A梦周而复始地回到大雄身边一样，铜锣烧也风靡了一代又一代。

小时候爱看《哆啦A梦》，羡慕它的神奇，长大后爱看《哆啦A梦》，羡慕它与大雄间坚韧的情义。若有一个人待你如生命，彼此相知相眷顾，亦不枉此生了。

正因为爱这笑中有泪的故事，所以，连对铜锣烧也顺带爱了。儿时，只知那铜锣烧是种圆鼓鼓有馅的吃食，看上去就美好极了。每当有它的镜头总伴着我咽口水的声音。因为从未吃过，从未见过实物，就更加被向往美化了。

被铜锣烧牵了魂，也绕了梦，多年后直到大街小巷到处都是它的踪影，带着酝酿多年的期盼一口咬下去，美得心里直冒泡。不过，梦圆后细细品味，不得不客观地评价一番：原来哆啦A梦的最爱也是如此市井、真实。正因这种平凡，顿然发觉更贴近哆啦A梦一些，便更爱它了。

对于铜锣烧的喜爱，更多由于情感上的误导。世间事物也多尽然，你爱一个人，便会不自觉地爱他喜爱的歌曲，他穿衣的品牌，他喜爱的食物……"老外"道：Love me，love my dog．我们称——爱屋及乌。

爱是连锁反应，你的所爱也时刻影响着他人——想到这点，是不是有种幸福油然而生？

原料

外皮——
低筋面粉 100 克
鸡蛋 2 个（约 120 克）
泡打粉 3 克
生抽 4 克
蜂蜜 15 克
橄榄油 12 克
牛奶 60 克
盐 2 克
馅——
沙拉酱：红豆沙 1 : 4
根据个人口味增减分量

做 法

1. 鸡蛋做蛋白与蛋黄分离。将蛋黄打散，加入生抽、蜂蜜、盐、橄榄油搅拌均匀。
2. 加入牛奶拌匀。
3. 将泡打粉与低筋面粉过筛后倒入 2 中。
4. 大面积地搅拌均匀成糊状。
5. 蛋白用电动打蛋器打至可以轻松地挂在打蛋器上。
6. 分两次将打好的蛋白倒入蛋黄糊中，采用画"8"字的搅拌法，搅拌均匀。
7. 拌好的面糊是可以流畅地流下的。
8. 平底不粘锅用中小火加热，取适量面糊倒入，自动形成圆形。
9. 待一面出现泡泡后，翻起略煎另一面。

10. 将沙拉酱与红豆沙均匀地混合成馅料。
11. 煎好的铜锣烧晾凉后加上馅料即完成。

小贴士

1. 如果没有橄榄油,用植物油或其他油也可以。
2. 打蛋白的步骤还是交给电动打蛋器吧,手动的太费劲。
3. 铜锣烧的馅料可谓多种多样,看自己爱好吧,基本上你把它当馅饼吃都行(嘘~~别说是我说滴)。我不是特爱甜,买来的红豆沙能齁死人,所以我加了点咸沙拉酱,特好吃,算是创新了吧。

铜锣烧好啦
Dorayaki
爱与被爱的幸福

红糖麻酱卷
——Nice to meet you，旧时光

难度：简单　★☆☆☆☆
时间：80分钟
价格：6元　￥6
分量：3人份
口味：酥香

做这吃食缘起相思。

我是在秋天到的北京，刚毕业，住在舅舅家。北京的秋天只得"萧索"二字，道路太宽，反而将路边的树衬得像树苗了。

树叶都跑光的时候，剩下光秃秃的枝丫，似乎毫无御寒能力，又非要倔强地立着。秋天的风大得出奇，似刀子在空气中切割，割到树干，树就晃上半天，一副傲然挺立、誓不低头的姿态。

我生来惧怕寒冷，即便来自北方，二十年来也没能练就如松树般抗寒的本领。不太冷的晚饭后，我与弟弟喜欢走过庄正的平安大道，到尚有些人气的新街口散步。有了人气，那空气中就多了各种味道，你呼出我吸入的，彼此热闹起来，人就不觉得冷了。

只有这饭后散步的一个多钟头，冷漠里略带的喧闹，令我觉得时光漫长到可以挥霍了。

买一根冰糖葫芦，边走边吃。常见到胡同口出入长发披肩、手拿吉他的摇滚小青年，运气好时还能碰上一两个明星。通常都是远远瞧着，却没有上前打招呼的勇气。其实是不知说过"你好，请问你是×××吗？"之后还能做些什么，大冷天的，也没有随身带纸笔让对方留名。

日后这些偶遇都成了谈资，便更爱往新街口钻了。

往家的方向返回时，路过烧饼铺总不忘买几个糖火烧当第二天的早餐。说来也怪，不好甜食的我唯对糖火烧与糖耳朵情有独钟。

糖耳朵会在某个时刻没来由地想吃，譬如，有时正看着电视或正上着班，突然就想起了，要立刻吃到。女人的善变渗透到方方面面，馋嘴至此也值得原谅吧。

对于糖火烧的情感则更为弥久与朴实，只要是路过饼铺就会买的。回家的路弥漫各种滋味，饼铺的香味是总不会缺少的。

糖火烧颜色很深，颇为其貌不扬，越是在一堆普通样貌的烧饼中越惹人注目。第一次就是被这丑样子诱了魂魄，才吃过饱饭又吞下一个。

从此便爱上了，人世间的事总有许多说不清的缘由，喜爱或不爱。我却明了得很，爱它酥酥的外壳，酥中带着股嚼劲，还有甜香的心，那甜不是直白的，甜得婉转，又混了麻酱，甜与香都有了另一番滋味，烤过以后更甚。至于外表，总予人坚实、牢靠的感觉。

这种种优点，活像经济适用男，不爱怎说得过去。

因为相思——糖火烧的味道，夜晚新街口的氤氲缭绕，还有捧着烧饼呵着双手那个曾经的我……所有记忆中的酸甜苦辣，在当时尖锐得那么明显，到最后都被时光酿成了甜，酿成我手中一个个拷贝得不那么完美的糖火烧。

Nice to meet you，旧时光。想念会随时开一道缝，为旧日时光腾出一点位置，哪怕只有一点点，只要你想，就能随时与它碰面。

原料

中筋面粉 200克
酵母 3克
白糖 5克

奶粉 5克
温水 65毫升
红糖 60克

麻酱 60克

做法

1. 在面粉中加入白糖。
2. 再加入奶粉。
3. 温水与酵母混合静置5分钟后，倒入面粉中。
4. 将面和成面团，放在温暖处发酵到原体积的两倍大，大约45分钟。
5. 事先将红糖大的硬块捣散，然后与麻酱混合均匀待用。
6. 面团发酵好后，平均分成6份。
7. 逐一擀成椭圆的面片，约6毫米的厚度。将混合好的馅料均匀地涂抹到面片中。
8. 从一边卷起，卷成条状。注意不要露出馅料。
9. 再从一头向内卷起成螺旋状。
10. 以手掌略压，用擀面杖擀成约1厘米厚的圆饼。
11. 将饼放入平底锅，倒入少量的油，小火慢慢烙。
12. 待一面煎成金黄色后，再翻面煎另一边，直到两面金黄。

红糖麻酱卷
Brown sugar and sesame paste pastry

Nice to meet you，旧时光

小贴士

1. 中筋面粉即为家庭一般常备用于做面食的面粉。
2. 若有牛奶，可用牛奶代替水与奶粉，在使用前略微加热到35℃左右，再与酵母混合。
3. 面片不要擀得太薄。
4. 在裹馅料的过程中，切记勿将其外露，否则很容易在烙时糊锅。
5. 烙饼时，小火慢煎，不可心急。

3

糖不甩
——找个理由爱上它

难度：一般简单　★★☆☆☆
时间：25分钟　🕐
价格：6元　￥6
分量：2人份
口味：香酥软糯

第二章 甜品类

来深圳差不多十年,现今驾车穿行,飞驰过路边嬉逐打闹的情侣、天桥俯视车灯的恋人、路边摊吃饭的夫妻……都觉得那是曾经的我和他,也这样开心地、单纯地、不添加杂质地笑过,笑着笑着便成了记忆,成了今天的模样。

刚到深圳时,与友人同住村屋。到了半夜,麻将声、汽车声、别人家的说话声依旧清晰,全天候热闹。那时最快乐是在下午6点后,两个上班的人都回到家中,将饭做好,热闹地吃完,便下楼散步去了。

街边的各色摊贩、甜品铺、小吃店把城中村变成嘈杂的样子,那份略带闹心的嘈杂,温热着疏离的感觉,谁都是孤独、陌生的异乡人,大家皆如此也就少了隔阂。

当时路边的甜品铺、麻辣烫是我们消夜最常去的地方,现在想来那时的物价真是便宜到好像上天的恩赐。第一次见到这么多闻所未闻的甜品,内心的好奇与欣喜爆棚,有种一次性都尝过一遍的冲动。不过,还是来日方长,一则口袋缺钱,二则肚子缺空间。

我并不特别钟情甜食,每次去差不多都是点龟苓膏、双皮奶这几样,糖不甩是因为名字可爱才点的,看名字实在想知道它的长相。原来是带着酥脆口感的大糯米团子——这是我对它的鉴定,一语道破天机。酥脆之感不靠油炸,完全仰仗香酥的油炸花生酥与芝麻,以浓稠的糖浆做黏合剂,沾满全身,甩也甩不掉。

因为消夜的关系,我才到深圳不足半年就被打回胖子原形,之后只得尽量少去了。那条街道依旧汲汲营营,迎来送往,我的气息早已被别人取代。

几年之后,搬了家,偶然路过,记忆复活:"快看,这是我们总去吃饭的地方""这家店没有了呢""他家牛杂很好吃"……老公放慢车速,给我足够的回忆空间,一家家店面随记忆还原,重塑那时虽苦犹甜的生活。

朋友说,后来特意回来吃过,味道已大不如昨,大概是换了主人吧。

偶尔用糖不甩来招待朋友,因名字可爱,味道也上得了台面。喜欢一个事物,总会有理由,说名字可爱不过托词罢了,说不定是怀念作怪。

原 料

糯米粉 50克
粘米粉 15克
清水 50毫升（和面用）

黄糖 25克
清水 25毫升（熬糖浆用）
花生 适量

芝麻 适量
椰蓉 适量（装饰用）

做 法

1. 平底锅中加少量油，将花生放入小火翻炒，待花生略微泛黄时放入芝麻翻炒，等芝麻泛黄后关火，晾凉。
2. 用研磨机将1打成粉末（花生去皮），若没有研磨机，也可以用刀切碎。
3. 糯米粉和粘米粉倒入干净的盆中。
4. 加凉水揉搓成软硬适中的面团。
5. 将面团等分成4份，用手搓成圆圆的丸子。
6. 黄糖中倒适量清水。
7. 用小火熬成黏稠的糖浆。另取一个锅煮汤圆。
8. 将煮好的汤圆放入糖浆锅中再小火煮2分钟。捞出后浇上糖浆，再撒上椰蓉、花生碎、芝麻碎即可。

糖不甩
Dango
找个理由爱上它

小贴士

1. 因为芝麻容易熟,所以在炒时要先放花生后放芝麻。
2. 炒熟的花生晾凉后用手去皮,然后用刀的侧边压扁,再用刀切碎。
3. 面团和的过软会不容易塑形,过硬会开裂。
4. 汤圆开水下锅,待汤圆漂浮起来后,再煮3分钟关火。
5. 趁热食用,凉后会变硬。

4

抹茶慕斯
——吃对属于你的甜品

难度：一般简单　　★★☆☆☆
时间：做30分钟，等待4小时
价格：12元　　￥ 12
分量：6寸心形慕斯模具一个
口味：香滑抹茶味

腿上有块浅灰色的疤痕，是去年湿疹时外用药物引起的色素沉着。以前从未患过湿疹，因此从未晓得忌口。直到去年，湿疹大规模爆发，来势汹汹，被折磨得生不如死。

病情一旦肆虐，就不会轻易妥协，反反复复折磨我一个多月后才有好转的迹象。当时，我定下决心忌口，再不吃辣，任何湿热的东西也都不会再沾。

伤疤尚未好，却已忘记了疼。上月与好友游海南，说是游，其实完全为吃。有天晚上，我俩打完台球坐在街边大排档吃生蚝，好友忽然一声叹息："哎，我想念海南的海鲜了。"经她一提我也口水四溢："是啊，是啊，还有清补凉。"如此，第二天晚上我俩已降落在闷热的三亚！

Damn it，真是自讨苦吃！热浪如海啸般侵袭着灼热的大地，海风吹过只留下黏腻的汗液。之后的几个早晨，虽然每晚约定第二日早起去吃一种名为"后安粉"的早餐，却朝朝睡到中午，出了酒店打个车去吃午餐，再吃碗清补凉，再打车回来吹空调，晚上饭点再出去。

当时海南的芒果正是成熟季，大颗大颗金色、绿色的果实满眼铺开，诱惑着舌尖的每一寸细胞，不吃上几个那才叫暴殄天物！什么医嘱、老公嘱完全被丢在脑后，奋不顾身地化身为芒果圣斗士。

晚上又与好友驾船出海吃鱼排。被海水包围着，享受海风轻抚，在打鱼归来的鞭炮声伴奏下，水在火上咕嘟嘟地冒着泡，只等新鲜活泼的海鲜下去洗澡——这是令人不可能淡定的场景嘛。尽管我努力地克制了，但最后还是输给了自己。

这一次输的有些惨烈，当晚旧疾复发，腿上长满湿疹，尤其在闷热的空气中，被汗水一直浸着，奇痒无比，我强忍着不去动手，之后的几天却都无法放肆大吃，有负所望。

回来后病情稍有缓和，我再也不敢急慢，遇到芒果、榴莲等物，即使再多诱惑也不去尝试，病发时的难受时刻警醒着我。

去年此时也做了芒果慕斯的，今年只得变成抹茶。身体至上，等痊愈后再享那份口福吧。反正，芒果年年都会有。

抹茶慕斯是属于夏天的甜品，只看便已有天然清凉之感，冷冻后口感顺滑，微苦也成甜。这个夏天，就用它做我身心的止痒药吧。

原料

蛋糕底——
消化饼干 60克
糖粉 10克
黄油 15克

牛奶 5克
慕斯——
淡奶油 200克
抹茶粉 20克

牛奶 50克
糖粉 50克
鱼胶粉 8克
清水 25毫升

做法

1. 饼干放入保鲜袋中，用擀面杖敲碎后，擀成粉末状。
2. 将饼干碎放入碗中，加入糖粉、软化的黄油和牛奶，搅拌均匀。
3. 倒进模具中，用手压实。放入冰箱冷藏。
4. 抹茶粉倒入牛奶中，拌匀。
5. 淡奶油加糖粉打至硬性打发。
6. 鱼胶粉用清水融化开，隔水加热至完全成液体后倒入牛奶中。
7. 将牛奶倒入淡奶油中。
8. 轻轻地搅拌均匀。
9. 最后倒入模具中，放进冰箱冷藏4小时后食用。

小贴士

1. 鱼胶粉不可直接加热，一定要先用凉水溶化开，然后隔水加热至完全成液体。
2. 鱼胶粉的用量，如果过多则会变成类似果冻的口感，如果过少则不好成形。具体用量，请根据自己喜好的口感来斟酌使用。
3. 打发淡奶油时，糖粉分三次加入，一次性加入会影响淡奶油的打发。
4. 天气热感觉淡奶油打发困难时，下面可隔冰降温。
5. 蛋糕脱模时，可用吹风机在模具周围吹1分钟，有利于脱模。

抹茶慕斯
Matcha mousse

吃对属于你的甜品

5

芒果果冻慕斯蛋糕
——时间旅行

难度：中等　　★★★★☆
时间：1小时　　◎
价格：15元　　￥ 15
分量：6寸心形模一个
口味：浓浓芒果香

我睡在棉花上吗？怎么如此轻柔宁静，像随风飘浮。睁开眼，四处被毫无层次感的灰白色包围，若不是发梢微微漾起，我几乎不能判断自己此刻的状态——静止还是运动中。

眼前出现了几道门，远远近近地，突然凭空闯进视线。每扇门上分别写着5、10、18、25……80，让人摸不到头脑的数字。

伸手推开离我最近的那扇写着"5"的门，白色的光芒随门缝逐渐溢出，直到眼里铺满白色。然后，美丽的风景像电影画面淡入。

一个穿碎花裙的小女生，蹲在草地上玩耍。她低着头，鬓边那些忘记被扎起来的碎发，调皮地随风"捣乱"，大概是妈妈的粗心的"杰作"吧。她一边采着彩色的小野花，一边不时用手抓一下被头发弄痒的脸颊。

忽然，她站起身，朝远离我的方向跑去，用嗲嗲的声音喊着"爷爷"，我这才发觉，远方的树下坐着一位老人，背对着她，无论小女孩如何喊，他只是肖然不动如雕塑。

我听到小女孩的哭声，依旧看不清她的容貌。她抓起爷爷的手，用力摇晃。爷爷忽地一把将她抱起，抛到空中，抓住她的胳膊在空中荡漾，小女孩发出"咯咯"的笑声，原来爷爷是在逗她玩呢。

爷爷抱着小女孩转过身，向我挥手再见。我终于看清了他们，泪水"哗"地溢出了眼眶。眼前重现一片灰白，那扇门消失了。

属于我的5岁，消失了。

我闭起双眼，无目的地飘。再次睁眼，看到写着"18"的门，推开门，金光四溢后转入一片璀璨星空下。

一对男女并肩坐在校园的篮球架下，女孩将头轻靠在男孩的肩头，我听见男孩说：等我回来，记得，一定要等我。女孩无语，只是用力地点头，而泪已浸湿了脸颊——彼刻、此时。

"29"的门，鲜花夹道，他唱着《爱情宣言》向我展开双臂，我扑进他的怀抱，接受一辈子的约定，喜极而泣。

接下来是"60"，我在手触碰到门的那刻犹豫了，60岁时的我会是什么模样？正在履行年轻时许下的"与爱人环球旅行"的心愿吗？还是围着孙子、孙女团团转？或者已经去了另一个世界？

30岁的我，看到了60岁的自己。还可以按照现在的想法生活吗？改变现状，60岁的我也就变了吧。如果是这样，我不想去看，不想预知未来，不想纠正哪怕现在是个错误。

我要朝着心中的美好，一步步地迈进，用时间去印证我的60岁，管它是好是坏！

躺在床上，清醒地醒来，窗外树绿鸟鸣。30岁的眼睛、眉梢、嘴角、气质……我那么爱！

原 料

饼底——
消化饼干 150克
牛奶 10毫升
黄油 5克
奶酪层——
中等大小芒果 1个

奶油奶酪 150克
细砂糖 30克
淡奶油 100克
鱼胶粉 5克
清水 10毫升（溶化鱼胶粉用）
水晶层——

中等大小芒果 1个
雪碧 200毫升
朗姆酒 10毫升
鱼胶粉 5克
清水 10毫升（溶化鱼胶粉用）

做 法

1. 首先制作饼底：将饼干放进保鲜袋中，用擀面杖擀碎。要来回多擀几次，彻底地擀碎。
2. 然后将饼底倒进一只干净的碗中，倒入牛奶与软化的黄油拌匀。
3. 铺在模具底部，用手压实后，放进冰箱冷藏直到需要用时再取出。
4. 制作水晶层的花瓣：芒果最好在冰箱中冷藏过，拿出去皮，横向切成薄片。
5. 取出几片芒果错落着摆出花的样子。
6. 平放在盘子中，放入冰箱冷藏，待用时再取出。
7. 制作奶酪层：将制作花瓣剩下的芒果和乳酪层的芒果一并切块放入搅拌机中。
8. 搅拌成润滑的糊状。
9. 奶油奶酪与细砂糖一起隔水加热至完全融化。
10. 倒入打好的芒果糊中。

11. 大面积地搅拌均匀。再加入打至七分发的淡奶油。
12. 加入溶化的鱼胶粉。
13. 将模具取出，把奶酪糊倒进模具中。
14. 磕几下模具使表面平整。奶酪糊大概在模具一半的位置。如果有多余的，可另外用其他容器盛放。放入冰箱中冷藏1个小时。
15. 雪碧中加朗姆酒。
16. 再倒入融化的鱼胶粉。
17. 将模具取出，在奶酪层上摆放上事先做好的芒果花瓣。
18. 再将雪碧缓缓倒入。放在冰箱中，隔夜冷藏后即可食用。

小贴士

1. 鱼胶粉正确的使用方法：先用凉水将所需用的鱼胶粉湿润，水的用量标准即鱼胶粉不再有白色粉末。然后静置几分钟，让它充分湿润后，隔水加热至溶化即可。如果向鱼胶粉中直接加热水，鱼胶粉会成颗粒状，做出来的蛋糕也带有颗粒。
2. 鱼胶粉是制作慕斯不可缺少的原料，但用量要把握好。如果放得多，虽然好成形，但口感却会变得比较扎实、弹牙，而不够润滑。建议大家多实践几次，找出自己中意的口感又不妨碍成形的用量。
3. 如果奶油奶酪加热融化后，依然存在颗粒，可将其与芒果糊等材料一同再倒进搅拌机中搅拌几秒钟即可。

6

焦糖朗姆香蕉
——越懂得越喜欢

难度：一般简单　★★☆☆☆
时间：30分钟　　◑
价格：5元　　　￥5
分量：2个
口味：香脆

第二章 甜品类

一根香蕉，两手一剥，十秒就滑进胃中，偶尔变个花样，与酸奶缠绵酿成奶昔。但也忍不住想，像香蕉这种本身就已经很好吃的水果，实在没办法再增加美味了吗？它甜也甜得透彻，香也香得深邃。面对如此平凡得唾手可得的美味，无奈再次出动挑剔的触角，充当一回狠角色。

香蕉的软肋恰如其名——有娇柔的绵软，软得让人温暖，却在夏日中显得不够干脆、洁净。35℃的高温，大汗淋漓，谁都会想到一根雪糕而绝不会是香蕉。

但如果香蕉也学会用一层酥脆的外壳来隐藏自己温柔的心，伪装坚强与倔强，在夏日里就可爱、迷人得多。若是再多上那么一点点特殊的焦糖与酒香，如女人恰到好处的香水点缀性感，那简直就无法用具体的语言表述了。

在这个世界里，你可以爱得很纯粹很简单，就像爱一个人那样只单恋香蕉，也可以爱很多面。你爱你的女人不加修饰的脸庞，平淡朴素的衣着。难道没有偶尔悄悄地幻想她浓妆艳抹，穿起性感的内衣，在你面前舞一曲桑巴？

老祖宗都说了："食不厌精，脍不厌细。"任何食物都值得反复琢磨，说不定越懂得越喜爱呢。

原料

香蕉 2根
朗姆酒 10克

清水 10克
杏仁片 适量（装饰用）

红糖或白糖 35克
冰激凌 适量（装饰用）

做法

1. 香蕉去皮，切成两段。
2. 朗姆酒与清水混合待用。
3. 杏仁片放在平底锅中，小火干焙至两面焦黄。
4. 红糖放入锅中，小火熬至融化、黏稠。
5. 将香蕉放入，倾斜锅，快速翻动，均匀上色。
6. 倒入朗姆酒，略煮。
7. 将香蕉装盘，剩下的焦糖继续煮至黏稠倒在香蕉上。搭配杏仁片与冰激凌食用。

小贴士

1. 煮焦糖时，小火慢煮，偶尔将锅离开火，自己把握热度。
2. 朗姆酒不加水直接入锅会着火。
3. 做好的焦糖香蕉，放凉后会在香蕉表面形成一层爽脆的外壳，非常好吃。

焦糖朗姆香蕉
Caramel rum banana
越懂得越喜欢

7

蓝莓慕斯
——浪漫的美味

难度：一般简单　★★☆☆☆
时间：30分钟　　◐
价格：20元　　　￥20
分量：6个
口味：香滑蓝莓味

第二章 甜品类

几年前一部《蓝莓之夜》赋予蓝莓醉生梦死的浪漫气息，也令人更加向往蓝莓的味道。那时蓝莓尚属有钱人的水果，高昂的价格使普通人望而却步。

只在高档超市出现的蓝莓，我远远地望望价格，咽下一口口水，而后绕道而行。想象不出真实的味道，市售的蓝莓果酱并没有诱惑起我非要买来品尝的渴望。

当然，现在蓝莓依然不便宜，只是有小小的能力，可以偶尔吃一吃，算不上好吃的水果，也没什么个性。酸与甜都是浅浅的，就连特殊的香味也气若游丝。

这样味道不够惊艳、明晰的水果，真正当做水果去吃并没有太多意义，反而当做配料时会大放异彩。真是高贵的配角啊。

当你真正自己动手熬上一锅蓝莓果酱时就会发现，市售的果酱实在够坑人，干什么平白无故增添那么多不属于它的味道？清清淡淡，只加朗姆酒与白糖的蓝莓果酱明明就很好嘛。外来的东西如画蛇添足反而遮盖了太多美好。

也正因如此，用自制蓝莓果酱做成的慕斯，那美妙的滋味，不用我形容，你应该已经能够清晰地感受到了吧。我能想到最浪漫的事——那就是陪你看海，顺便共享一份活色生香的蓝莓慕斯。

原　料

新鲜蓝莓 150 克
白糖 30 克
黑朗姆酒 10 克

淡奶油 100 克
香草精 2 滴
鱼胶粉 5 克

清水 10 毫升（溶化鱼胶粉用）

做　法

1. 制作蓝莓果酱：蓝莓洗净后放入锅中，倒入15克白糖。
2. 小火煮至蓝莓变软，加入黑朗姆酒。
3. 继续小火煮至黏稠，离火放凉。
4. 淡奶油加入剩余的白糖打至七成发（稍微出现纹理），不要打太硬。
5. 将熬好蓝莓果酱倒进淡奶油中，混拌均匀。
6. 倒入香草精，混拌均匀。
7. 将处理好的鱼胶粉倒入淡奶油中，搅拌匀。
8. 装入模具中，放入冰箱冷藏过夜。

蓝莓慕斯
Blueberry mousse
浪漫的美味

小贴士

1. 如果没有新鲜的蓝莓,也可以用蓝莓果酱代替,但是口味会差很多。
2. 鱼胶粉用凉水充分湿润,然后隔水加热至完全溶化。

8

阿华田手指果冻
——回到那一天

难度：一般简单 ★★☆☆☆
时间：1小时 ◉
价格：8元 ￥8
分量：12支
口味：香滑Q弹

第二章 甜品类

太多事情，其实是在不经意间改变的。就像春去秋来，树叶变黄枯萎，随风飘落后，转眼又绿油油的重现树干。

你不会留意这一切是何时发生的，就如你不曾察觉眼角的第一丝皱纹，到底是在你放声大笑、安然入眠还是黯然流泪时偷偷酝酿。但它无声地蔓延，改变着你的容颜，直到深如沟壑，直到满眼苍老。

你察觉到自己的变化，是在整整一个星期没有泡吧后。你说，下班后只想快点回公寓。你把故乡以外的住所，都不称作"家"。你不再是曾经精力如电动马达的小女孩，偶尔通宵K歌，要靠大杯大杯的咖啡才能撑足下半场。

有一天，你忽然想家了。坐了几个小时的飞机，又走了很远很远的路，回到深深烙刻着你成长足迹的地方。

有那么一瞬间，感觉回到了童年，你是那个扎着羊角辫满地乱跑的小屁孩。

但，只是那个瞬间。

一切都变了，曾经的土地只会长草，如今"长"满了大楼。

而你知道，只有你知道，你心中的那栋楼正在倒掉。

从此，你选择随遇而安。

原　料

阿华田 30克（一条装）
细手指饼干 12支
鱼胶粉 10克

炼乳 3克
朗姆酒 5克
清水 100克

装饰液 适量

做　法

1. 冲泡一杯比较浓的阿华田。
2. 加入炼乳，搅拌均匀。
3. 再加入朗姆酒。
4. 鱼胶粉用冷水软化，再隔水加热到完全溶化。
5. 鱼胶粉与阿华田溶液混合均匀。
6. 倒进模具至一半的地方。放入冰箱冷藏10分钟。
7. 从冰箱中取出模具，把饼干放在里面，然后再加满液体，冷藏10分钟。
8. 取出后，用彩色的装饰液进行装饰即可。

阿华田手指果冻
Ovaltine finger jelly
回到那一天

小贴士
先倒入的液体不要太满,否则不好粘着在饼干上。

9

杏汁鲜奶木瓜
——成全女人的夙愿

难度：一般简单　★★☆☆☆
时间：40分钟　　◐
价格：8元　　　￥8
分量：2人份
口味：香滑

第二章 甜品类

　　女人这辈子除了想嫁个有钱人，还想要个梦幻的身材——水蛇腰、篮球胸、细长腿，等等。可惜，只有小部分人拥有怎么吃都吃不胖的、让人羡慕得牙根痒痒的身材。大多数女人都得终身投入减肥事业，然而这大多数人中的多数人会一边啃着鸡腿一边说："我从明天开始减肥。"就连我妈都经常抱怨自己身材不够婀娜，就更别提我了。每当看到屏幕中那些薄如纸片、能当风筝使的明星、模特们，我就暗发毒誓：以后不吃饭啦！可第二天起床，什么好身材，什么漂亮衣服啊，全都被抛在脑后，必定还要辘辘饥肠地四处觅食。结果，晚餐吃过又开始重新悔恨，给了脂肪多一天肆虐的机会！

　　反正，人都是贪心的，何况是女人。现在我就像电视购物节目中的主持人那样慷慨激昂地、略带神秘地对你说：有一款糖水，它既能减肥味道又好，并且还能丰胸、美白、养颜！简直就是全功能无敌糖水！您心动了吗？想知道答案吗？那就赶快行动，抓紧时间往下看！时间不等人，早一天使用早一天苗条！好，到了揭晓答案的时间了，我们将无敌糖水的桂冠颁给"噔噔噔噔"——杏汁鲜奶木瓜！没错，就是它！没有华丽的外表，没有高雅的内涵，没有你想象的一切昂贵的材料。它照样能像一个穷小子一样赢得公主的心，要的只是坚持！如果每天早上，用它来代替早餐，平时稍加注意饮食，再来点适度的运动，我保证，即使是实胖型体质，只消一个月便能看到效果啦。记得少放点糖哟。

　　减肥和生活一样，只有一天天不浪费、脚踏实地地过，才会乐在其中，也会在某一天，出其不意地看到结果。

甜点，再甜一点

原 料

中等木瓜 1个　　蛋清 1个　　牛奶 120克
杏仁粉 10克　　糖 10克

做 法

1. 将木瓜洗净，从中间切开，去掉里面的木瓜籽。
2. 将蛋清倒进干净的碗中，混入杏仁粉。
3. 再加入糖与牛奶。
4. 用手动打蛋器搅拌至糖完全溶化。
5. 木瓜用小碗托住，放入蒸锅中蒸15分钟。
6. 然后把4倒入木瓜中，继续蒸15分钟即可。

小贴士

1. 木瓜可选七八成熟的，这样的木瓜有一定硬度，但是不够甜。
2. 木瓜在蒸的过程中会出水，个人建议不要再倒入水，那样虽能增加甜润度，但是会影响蛋白凝固。
3. 糖一定要搅拌溶化，不然会沉到底部，造成甜度不均匀。
4. 杏仁粉会很好地提升成品的口味。
5. 蒸好的木瓜如豆腐脑般滑润，冷藏后口味更佳。

杏汁鲜奶木瓜
Milk pawpaw with almond juice

成全女人的夙愿

10

焦糖牛奶炖蛋
——友谊的甜蜜见证

难度：一般简单　★★☆☆☆
时间：30分钟　　◐
价格：6元　　　￥6
分量：3人份
口味：香滑

有些友谊见面一次就可以成就，有些友谊却需要一段冗长的前奏。我和华属于后者。

我认识她时，她还只是个六岁大的小屁孩，当然，我也是。从小学到初中，我俩都只是不温不火的同学关系，你知道的，就是那种只能用"Just so so"来形容的比普通话还普通的同学关系。华属于教室的前半部分阵营，个头小小、长相甜美的她，在当时真是十分木讷，与外形、性格皆较为狂野，又处在班级后两排座位的我几乎没有交集。偶尔说话，我都会产生在与低年级小屁孩交流的错觉。

命运这玩意真的很难搞，我考入外校高中，报名第一日居然在人群中忽地看到一张多年来如影随形的脸，我跟我的"影子"打招呼，才知道她也是来报名的。其他同学基本都是本校直升的，而我俩属于少数派的转校生，好歹也算沾亲带故，好吧，既然命运非要让我俩成为朋友，我只能大声说OK！

华是表面内向的慢热型人，联盟建立初期，无论上学、放学的路上都只是我一个人在叽里呱啦个没完。时间长了，我懒得说了，反变成她没完没了地唠起来。于是我俩越来越起腻，除了一起上下学，周末也合并了过。

男孩们扎堆玩游戏，女生们则喜欢一同逛街，外加诋毁彼此的品位，还有一起买零食吃零食。华是钟爱果冻的，每次去超市总要带回两袋，之后看电视时不愁没的吃了。我们用吃过的包装摆出各种图案，然后对彼此的杰作不屑一顾，或者故意使坏摧毁。有时发现一个高难度的作品没有完成，包装却用完时就会抱怨果冻买少了。到最后，几乎搞不清楚是为吃还是为玩而买。

不管是什么，一个个晶莹剔透的果冻封存的不止是甜蜜，还有纯洁的友谊。

最后一次一起逛超市，已是八年前，当时她大学毕业打算去法国，而我也将北上。临走前一天，俩人一起逛超市，走到卖果冻的地方，不约而同地笑起来。果冻的包装换过一季又一季，只有回忆褪去冬装，清爽的就像昨天刚结束的期末考试，那时我们最大的愿望就是看着彼此慢慢老去，老到牙齿掉光，还要一起奋力地吸果冻，不忘相互耻笑。

下一个春天还没有来，我们已各自远飞。

当时还没有这种外形似果冻，口味却远超过果冻，名叫"布丁"的东西出现。如果有，华一定会爱上，比爱果冻还要爱。相信我，了解她多于自己。

不过现在，谁在意？她远在法国，什么好吃的甜品吃不到呢？倒是果冻，不知还能不能买到？

原　料

白糖 60克　　　　　鸡蛋 1个（约60克）
牛奶 120克　　　　　清水 40克

做　法

1. 将20克白糖与牛奶混合，用手动打蛋器进行搅拌，然后静置5分钟，让白糖充分溶化。
2. 另取一只干净无油的碗，磕入鸡蛋，打散。
3. 将牛奶与蛋液混合，搅拌均匀。
4. 混合后的液体过筛2次。
5. 然后倒入耐高温的玻璃瓶或者其他容器中，不要倒满，留出一定空间。
6. 瓶口用保鲜膜包裹，放入蒸锅中，水开后，小火蒸10分钟，记得开锅后留出一条缝隙。
7. 利用蒸蛋液的时间来熬焦糖，将40克白糖与清水混合，中火煮开后转小火继续熬到似糖浆般黏稠，然后关火，加少许热水调稀。
8. 蒸好的蛋液表面尚有轻微晃动，放凉后就会彻底凝固。浇上熬好的焦糖，放入冰箱冷藏1小时后即可食用。

焦糖牛奶炖蛋
Caramel milk pudding
友谊的甜蜜见证

小贴士

1. 将液体过筛，可以过滤掉没有溶解的砂糖，也可以使口感更顺滑。
2. 用保鲜膜覆盖，既保持透气又避免蒸汽凝结的水珠落下形成空洞。
3. 好做的布丁可以即刻食用，但是冷藏后口感更佳。

3
CHAPTER
第三章

DRINK
饮品类

用自创的温暖现在,换没有担忧的未来。

Milky tea
奶茶

Tonic water
滋补糖水

Seasonal beverages
应季饮料

1 桂花酸梅汤
——口水的价值

难度：一般　★★★☆☆
时间：45分钟　ⓘ
价格：8元　￥8
分量：4人份
口味：香甜

平日与三五好友聚会，最爱喝茶、玩桌游。玩过为数不多的几种，还是最爱三国杀，可能是因其不限制人数，变化多又讲究配合，所以总不厌烦。

三国杀不错，不但斗心机，也考验人的胆量、耐心，练就察言观色与挑拨离间的本领。平日与朋友玩，彼此熟悉性格套路，就会少一些揣测。偶尔技痒又没有人时也会迫于无奈去网络找对手。网络中的玩家良莠不齐，这个良莠不齐既指技艺也指素养。所以，在游戏中难免遭遇各种可气、可叹之事。有时，一张牌出错，就能引发一场骂战；或者徇私舞弊，刷等级，等等。

一直觉得游戏不过是放松神经、缓解压力的手段，所以不能理解以上种种。倘若不是以此为目的，游戏的意义何在？倘若是以此为目的，口水战又怎会引发？

前天在网上玩三国杀，不过出错了牌，就被别人不礼貌地谩骂了很久。而2011年7月23日高铁事故发生的当晚，在那样残酷、悲痛的时刻，竟还有人在微博中发笑话。我愤慨激昂，也不过对发笑话的人严肃说教了几句。前一段时间，深圳一名患儿引发的误诊医疗事故，一经报道，所有人对深圳某医院鄙视到了极点，舆论谴责铺天盖地。不过就在前几天，事实为此医院翻了案，大众的矛头又倒戈相向，直指患儿家属。诸如此类事件比比皆是。

国民的判断力被各种实或不实的报道迷得颠三倒四，即便如此也要在混沌中评论一番，仿佛不说不骂就与时代脱节。

如果一个人的思考力赶不上行动力，那么迟早有天他会觉得自己跑丢了，迷路了。前几天我问那个骂了我的人，你是90后吧，他说是的。我猜到了，一个小屁孩的年纪，看谁都觉得别人欠了自己的，当然我也是这样过来的。当我们学会思考，也就会善用口水，知道哪些事情值得关注，如何去客观评论，而评论也是个人修养的象征。

2011年发生在佛山的惨剧，一个两岁小女孩被碾轧两次，18位路人冷漠路过。小女孩悦悦用生命煽了人类的良知一个大耳光，只是蠢钝的厚脸皮们还能感到疼痛吗？

好多采访中，人们纷纷谴责冷漠的路人。有没有想过如果你是那第19个人，你会怎样？我们常说"每个生命都值得尊重"，正因如此，我们都珍爱自己的生命胜过路人，所以才能淡定地路过，视路边的生命于不顾？我们参与了用嘴谴责别人，但有没有在心里反问自己？倘若你没有这样的勇气，那就请多留点口水保护牙齿吧！

传说人在死后会轻12克，这12克恰是灵魂的重量。不知道多少人有资格保有灵魂到那一天。随声附和的责骂并没有比较高尚，假装的纯洁也无法装到死去那天！

所以，请不要轻易做行动的莽夫，学会用口来守住灵魂的重量，用思考让行动变得有力，朝正确的方向一击即中！

原 料

乌梅 10粒
甘草 1小把

山楂干 1小把
清水 2000毫升

冰糖 适量
桂花 适量

做 法

1. 将乌梅和甘草提前用水浸泡15分钟。

2. 然后将乌梅、甘草、山楂干一同放入煲中，加足量的水。中火煲开后，转小火继续煲20分钟。

3. 之后放入冰糖，继续煲10分钟关火。放入桂花盖上盖子闷10分钟即可饮用。

小贴士

1. 乌梅不要选超市的零食乌梅,要去药店购买。
2. 药材浸泡的时间不宜过长,否则会减弱药性。
3. 冰糖不要与药同煲,要稍晚放入。
4. 秋天适当吃点酸,有利脾胃。

桂花酸梅汤
plum soup with osmanthus

口水的价值

2 雪梨玫瑰露
——天凉好个秋

难度：简单 ★☆☆☆☆
时间：2小时
价格：8元
分量：2人份
口味：香甜带微酒香

第三章 饮品类

在北方生活，惦念南方的温暖，重返南方又开始想念有凉意的秋天。秋季兜兜转转几乎要完成使命，深圳依然有夏天的影子。偏偏缺少了雨水，空气像被脱了水般干燥到不像海滨城市。

上火、鼻血、感冒，统统出来肆虐，稍不留神就中招。一旦在外忙起来，水分跟不上就会觉得喉咙痒痒，知道这不是好预兆，也不敢怠慢了，很勤快地炖了润燥养颜的糖水。只有这样小小的一盅，刚好满足需要，又不会浪费，以前用砂锅煲，倒掉的总比吃掉的多。水果也不愿吃，所以拿来煲汤成了它们最体面的去处。

来南方前的小时候，从不知有"糖水"这东西，最有可能喝的银耳汤、山楂汤、苹果汤……似乎也就这么几种，被统称为"甜汤"。后来受无数香港电视剧传染，也开始矫情地叫起"糖水"这个洋气的名字，虽然那时并不完全了解糖水真实的"内涵"，通过揣测认为那些大概就是北方的"甜汤"吧。

想要"吃透"一个地方的饮食文化，真的要到了那里才可以做到，对着书本、电视流再多口水也是白搭。循着万水千山的香味，我来了。此后煲汤、砂锅粥，当然还有糖水，经过长久历练也稍有了手到擒来的洒脱。进而总结糖水的"内涵"远超我之前的想象，丰富到不行，几乎不用固定搭配，只要想就能做。

烹饪与面对生活琐事大部分是一样，都需要智慧。实践多了，便逐步悟到——懂得利用手边食材制作美食，才是最高级的技艺。于是，我的创造力不定时得到作怪的机会，不定时释放异彩，不定时给我无限满足感。我想下厨房的乐趣点也在于此：如果不亲自尝试，就不会知道自己的潜能有多高。

原料

干银耳 100克
雪梨 1个

冰糖 20克
干玫瑰 4粒

红酒 20克
清水 适量

做法

1. 干银耳提前泡发。
2. 雪梨去皮切块。
3. 将雪梨、银耳、冰糖、干玫瑰放入盘中备用。
4. 依次将3中所有原料放入炖盅内,然后加入红酒。
5. 最后加入清水至没过所有食材,隔水蒸2个小时即可。

雪梨玫瑰露
Pear dew with tremella and rose
天凉好个秋

小贴士

1. 银耳提前浸泡1~2小时，煲好的银耳才会软糯。
2. 如果没有炖盅，采用传统的水煮方式也可以。
3. 煲好的糖水最好当天喝完，过夜会产生毒素，不宜再食用。

3

在家搞定招牌奶茶
——有预谋的放纵

难度：简单　★☆☆☆☆
时间：15分钟　⏱
价格：5元　￥5
分量：1人份
口味：香醇

今年的冬天特别冗长，寒冷的劲头几乎要赶上了北方。北风刮过就是雨，缠缠绵绵地下了两周，依然不肯罢手。

没有阳光的时光是苦涩的，阴郁直逼心扉，连身体也沾满凉意，才洗过热水澡，不过半个钟头又冷掉多半，是怎么也暖不热的。

于是只能凭借午餐供给的残存热量将整个人窝进沙发，盖了毯子，包成粽子。坐过一会，又觉身体的温度一点点下降，重新冰冷。

思想僵硬，灵感欠奉，写出的文字也像硬冷的顽石，连自己都打动不了。

只好想办法为思想解冻，为身体加温。

想起在香港茶餐厅里喝过的奶茶，随便一家都正宗得令人直吧唧嘴。从此，零食架多了受此蛊惑而买来的红茶与牛奶。

瞧，连你也看出来了，这不过是一场借天气为由、蓄谋已久的"放纵"。

茶包与牛奶如胶似漆，生死相随，酿造着滚烫的浪漫香气，由厨房飘出，迅速侵占餐厅、客厅、走廊、卧室……说过要减肥的我瞬间破功。

贪念奶茶的香醇，再没有比坏天气更像样的借口了。

原 料

牛奶 250克
红茶包 2包
淡奶油 10克
白糖 适量（据口味）

做 法

1. 先将牛奶倒入小奶锅中。
2. 加入两包红茶包。
3. 最后将淡奶油也倒进去。
4. 放在火上，用中火慢慢加热。
5. 沸腾后，转小火继续加热5分钟。
6. 关火后闷2分钟，最后加入白糖即可饮用。

在家搞定招牌奶茶
Tea with milk
有预谋的放纵

小贴士
1. 最好选用全脂牛奶,味道比较香。
2. 加热时要不时用勺子搅拌,注意火候,以防溢锅、糊锅。
3. 还可以根据自己的喜好加些炼乳。

香浓牛奶核桃露
——平凡也浪漫

难度：一般 ★★★☆☆
时间：30分钟
价格：10元 ￥10
分量：4人份
口味：浓郁香甜

几日前一场大雨，气温骤降，险些就有了秋天的迹象。可惜凉爽不过两天，雾霾散去又是明媚一派。

在南方感受寒冷，反而会令我兴奋，那些从北方运来的棉衣，热闹的款式，终于有机会上街显摆。两年前由南往北迁徙，冬天是极难度过的。如今又迁徙了回来，折腾一番，多了冬天的行装，少了年少的轻狂。

日光老了，在一来一往辗转的流年后。冬天不再寒冷，却失去了"点烛光暖花茶"的小美好。那天朋友来访，正是微凉的时光，我煮好核桃露，就着窗外细雨霏霏，几人对坐谈一场秋水漫长。

别责怪生活的平庸，只有平庸的人才创造平庸。倘若独自一人，我会煮一杯茶，靠在窗边看雨水在屋檐飞溅的寂寞。或者拉上窗帘，只留一片幽黄的灯光，伪装冬夜暧昧，看一部忧伤的爱情电影……

原 料

核桃仁 150克 　　肉桂粉 2克
牛奶 500克　　　　冰糖 30克

做 法

1. 将核桃仁和200克牛奶倒入搅拌机中。
2. 将搅拌好的牛奶核桃糊倒入锅中。
3. 加入剩余的牛奶，以及肉桂粉和冰糖。
4. 小火炖煮20分钟即可。

小贴士

1. 在炖煮时，保持中低火，不要让牛奶沸腾，以免破坏牛奶的营养。
2. 如果不喜欢肉桂粉的味道，也可以少放或者不放。
3. 可随喜好添加譬如桂花蜜糖、炼乳等调味品。

香浓牛奶核桃露
Walnut dew with milk
平凡也浪漫

5

薏米柠檬水
——因爱愚蠢

难度：一般简单　　★★☆☆☆
时间：准备1小时，做1小时　　◎◎
价格：5元　　￥5
分量：2人份
口味：清甜

去年看过一部风靡泰国的电影——《初恋这件小事》，不是强调这电影有多么好看，太完美的结局通常只会出现在电影里。只是想起女主角为了引起男主角的关注，而做出的种种改变。

成年后的我们看来或许幼稚得可笑，我知道你笑了，不过是流着眼泪的。那不就是曾经的自己吗？单纯、善良，为了一个简单的愿望，又有谁没有偷偷地愚蠢过呢？

只是这样、那样的愚蠢，在经年后的蓦然回首时，都变成最值得回忆的小美好。就算每每想起都是带着心痛的傻笑，也值得。没试过才要对自己说抱歉。

风一吹，记忆就凌乱，那个午后的阳光穿越层层时光线，洒在我的脸上、身上，还有心里。

他遥遥的走来，从回廊的那头，一件松垮的白色T恤，一条旧旧的牛仔裤，左手腕绑着一条腕带，书包随意地挂在一只肩上，双手小心地紧握着，不经意地散发着活力。阳光像是熔化的金子，从他的身后倾泻而下。他走到我面前，灿烂地一笑，摊开了双手说：给你吃。两只金灿灿的芒果和他的笑一样明媚得令人晕眩，转身的刹那，我看见他嘴角的酒窝盛满了阳光。

那是一个被祝福的夏天，我俩在教室里不太优雅地啃着芒果，头顶的风扇呼啸着像是随时有可能摆脱束缚一般。但是，谁在意呢？我们在意的只是对面的那个人，他用手轻轻抹去我残留在嘴角的芒果说：你真白，真好看。我傻傻地一笑，竟羞涩到不知道说什么好。只是，从那一刻开始，心中就有了这样的决定：我要一直白，一直好看下去。

差不多十年了吧，我很少穿短袖、短裤，很少去户外游泳，很少到海边，很少在阳光下停留……所以，这么多年在深圳，也没有被晒黑。

因为当初的决定，丢弃了一些乐趣。也因为那个决定养成的习惯，好与坏都不想做更改。反正已无所谓，反正已来不及。不如就这样，因为爱而愚蠢过，不丢人。

原 料

薏米 50克　　　　　　冰糖 10克
清水 2000毫升　　　　柠檬 半个

做 法

1. 薏米用水洗净，然后用清水浸泡1小时。
2. 在薏米中加入足量的水和冰糖，然后大火煮开，转文火煮1个小时。
3. 煮好后开盖晾凉。
4. 将柠檬切薄片，投入放凉的薏米水中即可。

Lemon with pearled barley soup

薏米柠檬水

因爱愚蠢

小贴士

1. 薏米清洗时不要过分揉搓,清水冲洗即可。
2. 薏米水还是热的时候放柠檬进去,会非常酸且有苦味。

绿豆薏米奶露
——撒在生活中的爱

难度：一般简单
时间：准备2小时，做1小时
价格：6元
分量：4人份
口味：清甜

￥6

十年前尚在读书，原本是住校的，每逢冬、夏两季，便时常偷溜回家。妈问："不是说要住校磨炼自己吗？"我答："人家想吃你做的饭嘛。"妈但笑不语，一副完全懂我又不戳破的姿态。

从此，没隔几天便会收到妈发的信息：做了你爱吃的饭，回来吃吧。我屁颠屁颠地回了家，若是夏季，必有解暑降火的一壶菊花茶或者绿豆汤凉在冰箱中。我边嚷嚷着热死了，边打开冰箱，灌下一大碗。

再之后，完全不用妈发信息，我会自动自觉地往家跑。妈听到开门声就笑着说："你鼻子老灵哩，怎么知道今天有好吃的？"我说："你做的饭太香了，好远都闻得到呢。"

刚读大学时，有老师每晚查寝室，快临近毕业，制度松动了许多。我虽在学校有床位，也经常回家睡觉。我的好些同学从大一谈恋爱谈到毕业，也有与男女朋友搬出去同住的，一早过起小日子。我问妈："你不怕我谈恋爱吗？"妈正在洗菜，水龙头哗啦啦地作响，连眼也没抬说："你不会。"我惊愕："为什么啊？"妈关掉水管，转身将洗净的菜放在案板上，边切边说："因为你天天回家吃饭啊。"我笑了笑："这么好的青春用来恋爱，真是浪费了。"

吃饭时电视正热播着《创世纪》，妈说："这片儿可好看了，你也看吧。""可是马上考试了，我要温书耶。"我无奈地说，自己都觉得扫兴。妈说："你温不温都同样成绩，不用这么紧张的。"

妈是懂我的，知我将功夫下在平时，每晚都会读书，即使不读书也老实在家或学校看小说，不会出去玩，也不懂谈恋爱。所以，她从不监督我的生活，不回家住也不追着打电话。事实上，我是忍不了多久就要回家的。

过了几年，我离家打工。第一次离开妈，独自过的夏季，想起她煮的绿豆汤，自己也学着去做，但总是不得要领，没有沙沙的口感，豆子与水分了家，汤是汤，豆是豆的。打电话问妈，妈说："豆子煮之前用水泡了吗？""啊，需要用水泡的吗？"我茫然地答道。"你都懂得平时温书才能考到好成绩，煮绿豆沙也是要提前下些功夫的。"妈说。

得了妈的真传，我也能将绿豆沙煲得很好了，之后又根据地域气候创新出不同品种，南方的夏季漫长，先生回到家也会自动自觉打开冰箱拿我一早冰镇在那里的糖水。他有一次问："老婆，为什么你做的绿豆沙总是这么好吃呢？"我在厨房中忙着整理切好的菜，被他这么一问，霎时间如醍醐灌顶，突然明白了妈说"煮绿豆沙要提前下些功夫"，不只是用水浸泡绿豆这般简单，而是有更深的意义：吃的人与做的人彼此相爱，那爱是历久弥新的，道道家常菜中也撒下了蜜一般的爱，才会美味得独一无二。

我鼻子一酸，泪险些滴了下来，先生在身后看我停了手中的活，关切道："老婆你怎么了？不舒服吗？我来做饭吧。""没事，我只是被洋葱辣了眼睛。"他哪里知道，我是为自己的后知后觉而羞愧。

甜点，
再甜一点

原 料

绿豆 200克　　冰糖 80克　　清水 2000毫升
薏米 50克　　　山楂干 3片　　炼乳 适量

做 法

1. 将绿豆和薏米清洗后，用清水浸泡至少2个小时。
2. 放入高压锅中，加入冰糖、山楂干与清水，若是电高压锅调制豆类，口感软糯即可，大约1个小时可完成。
3. 适量晾凉后，饮用前加入少量炼乳即可。

小贴士

1. 薏米在清洗时，用手在水中轻柔滑动，不用反复揉搓。
2. 尽量选择砂锅质地的锅，煲出来的汤口感会更好。
3. 加入炼乳可增加香滑度，但炼乳有甜味，可适当减少冰糖用量，或者用淡奶油来替代炼乳也可以。
4. 喝不完的盛入密封盒放入冰箱，两日内饮完。

绿豆薏米奶露

Milk dew with mung bean and pearled barley

撒在生活中的爱

7 苦瓜雪碧
——吃苦是一种能力

难度：一般简单　★★☆☆☆
时间：5分钟　　○
价格：6元　　　￥6
分量：12个冰块
口味：冰甜

她离了婚，独自带着孩子，用抵押老家房子贷款的几万块在深圳关外开了家小店。孩子才两岁多，时刻离不了人，只得把父母也接到身边，一家人的开支由她一人负担。

小店刚开业，事无巨细均由她独自打理，请来帮手的店员，基本无人能做过一个星期的，怕了抬上搬下的辛苦和需要熟记几百种产品信息的挑战。

于是，一个女人柔弱的肩膀扛起整个家的重担。全年无休，每天一早起来备货，用架子车把货品从三楼抬到一楼，上货、理货、招呼客人……时常分身乏术。午饭以廉价的外卖随便对付。每天都是如此，忙碌到八九点，回到住处只想倒头就睡，哪里顾得上与孩子联络感情。

即便如此辛勤努力，半年后依然入不敷出。当年她净身出户才得到孩子的抚养权，前夫却以各种无稽的理由，经常打电话来骚扰她，当然，目的为了钱。

一方面要应付拮据的生活，努力寻找客户；一方面要处理前夫的无赖行径，时刻小心提防。她几近精神崩溃。

每次见到她，都憔悴过上一次，有次竟是半夜，她哭着跑来我家避难。前夫赖在家里要钱，报过几次警，警察来他就走，警察走他又来。而店里货款迟迟收不回来，她绝望到想要放弃人生。

有天，她偷偷跑到阳台上，抽起戒掉已久的香烟，一声声地叹气。女儿过来，拉住她的衣角说："妈妈，别生气了，我以后会听话。"她抱起女儿，痛痛快快地哭了个够！

正是那如天使般的声音，不谙世事的纯净眼睛，让她打消了一切消极的想法。

那一刻，她为自己的坚持找到了最坚实的理由！尽管家人反对、朋友不看好，她毅然坚持走下去。她生命的全部意义，全部在女儿身上。

如今，她依然苦苦支撑，也会时常懊恼成功为何迟迟不来，但每次down到谷底又会奇迹般地重新反弹，像打不死的小强。

她没再想过放弃，把吃苦养成习惯后，生活反而比从前轻松许多。未来的苦难依然很多，如今她拥有的能量足以应付一切风雨。

原料

苦瓜 200克　　　清水 50毫升　　　雪碧 适量

做法

1. 将苦瓜洗净、对切，用小勺子刮去瓜瓤。
2. 苦瓜切成小块。
3. 加入清水。
4. 用搅拌机将苦瓜块搅拌成浆。
5. 放入冰格中，冷冻成冰。放入雪碧中饮用。

小贴士

1. 饮用时，150克的雪碧配2块苦瓜冰块来喝，清爽宜人，丝毫没有苦味，比单纯的冰雪碧更加解渴。
2. 夏天吃苦正当时，既去暑又下火，这款饮品对于不爱吃苦瓜的人是最佳方式了。

苦瓜雪碧
Bitter melon sprite
吃苦是一种能力

8 枫糖苹果茶
——多余苹果的好出路

难度：一般简单　★★☆☆☆
时间：50分钟
价格：8元　￥8
分量：4人份
口味：香甜

第三章 饮品类

枫糖，舶来品，纯正的加拿大血统，目前大陆商超还未见其踪影，我托去加拿大度假的妹妹带回一瓶。可惜她远在北京，快递又怕中途"遇害"，远水解不了近渴。还好我在香港超市中看到有卖，毫不犹豫地买了一小瓶。

回来后折腾过面包、蛋糕，就连铜锣烧中的蜂蜜我也用枫糖来代替了。平心而论，单独品尝亦不觉有特别值得推崇之处，也没有让味蕾惊艳的感觉，但对比起普通糖浆有一股清新之气。倘若放入料理中，又实在显现不出了。

或者因其系出名门，又不是随处可见，价格自然昂贵，至少是不亲民的。所以，后来我妹来香港时，带给我的那瓶枫叶形状的枫糖浆，我实在不舍得打开。倒是另有一种，像是枫糖结晶，黏稠而有颗粒感的东西，只比枫糖浆便宜1加币，用来涂抹面包，对于爱吃甜食的人实在再好不过了。

大概因小时候水果种类贫乏，不知不觉吃过太多苹果，长大后对于苹果实在再无挂念。北方寻常可见的苹果，到了南方身价倍增。偶尔买上几个，放在家里却无人欣赏，每每在其变质前，才强忍着吃下——当然不是我吃！要知道，这世上只有软苹果一物是我完全无法包容的。再不然就想要动脑想些其他办法，做成甜品或者饮品都是其极好的出路。

甜点，再甜一点

原料

中等大小苹果 2 个　　　清水 2000 毫升　　　枫糖 20 克

做法

1. 苹果洗净去皮，切成薄片。
2. 将水与苹果放入锅中，大火煮开后，转中小火继续煮 40 分钟。
3. 煮好后，再倒入枫糖即可。

小贴士

1. 没有枫糖，用麦芽糖、蜂蜜代替亦可。若放蜂蜜，记得待温度下降至 60℃ 以下再放，以免破坏蜂蜜营养。
2. 若是冬日，用花茶壶盛放，下面点上蜡烛持续加热，饭后饮用，解腻助消化；夏季冷藏后饮用，消暑解渴。

枫糖苹果茶
Apple tea with maple sugar
多余苹果的好出路

9

姜汁糖浆
——一瓶"精华"去百病

难度：一般简单　★★☆☆☆
时间：30分钟
价格：6元　￥6
分量：50毫升
口味：姜香

对于姜，我有既爱又恨的情结。爱其气味而恨其口味。这一爱一恨，矛盾成别人眼里无法理解的疑惑。或者爱，或者不爱，固然坚定而决绝，但大概有人跟我一样，将爱与恨集结在同一事物上。

其实也不是难以平衡的，姜味的洗发水、洗洁精便很好地满足了我对气味的渴望，另有一种子姜，虽也是姜但味道淡雅清脆，吃起来也不是不能忍受的。而但凡用到大量老姜的菜，即使主角再出色，也不能令我转移信念，必浅尝辄止，并且一定不要让我吃到姜。

虽不爱姜味，但又无法否定它对于身体的种种好处，有时还真的找不到其他替代品。记得有年冬天，我患伤风感冒，第二日又有远门要出。先生煮了整锅红糖煲姜，火辣地冒着热气，趁我缠绵病榻，全无反抗之力，逼我整锅喝下，又加盖棉被。第二天一早，果然神清气爽，毫无病过之迹象，没有服一粒药。至此我对姜汤治疗感冒有了切身体会，好感也增了几分，之后再遇到他人有类似症状，便极力推荐其强劲疗效。

然而姜糖水的好处远不仅此。若是女生，遇到生理期痛经，这一杯糖水，可以帮上大忙。恶寒发热、头痛鼻塞、受寒腹痛等症也可用姜糖水祛寒，往往可以"水"到病除。于是便有了闲暇时制作的一瓶生姜糖浆。一劳永逸，需用时不必再顶着沉重的身体去煲。只需取一小勺用滚开的水一冲，还原成一杯新鲜热辣的红糖姜汤。一大杯落肚，五脏俱暖，待汗潮自然褪去，身体宛若新生，有"面朝大海，春暖花开"的美妙轻快感。

甜点，
再甜一点

原 料

老姜 150克　　　　　红糖 150克　　　　　清水 150毫升

做 法

1. 老姜用刀轻轻地刮去皮。
2. 切成薄片，放进小锅中。
3. 将红糖倒入。
4. 清水也加进去。
5. 小火慢慢熬至黏稠后，将姜片捞出即可。
6. 放凉后盛放进干净、密封的瓶子中即可。

小贴士

1. 姜皮为寒性,所以在做这道姜汁时最好去掉。
2. 每次饮用时,用热水冲服。
3. 可在感冒、受凉,或者女生生理期饮用,有一定缓解作用。
4. 剩下的甜姜片,不要丢掉,可以当零食食用,味道也十分不错。

姜汁糖浆
Ginger syrup
一服"精华"去百病

10

椰香红豆龟苓膏
——最完美的夏日冷饮

难度：一般简单　★★☆☆☆
时间：10分钟
价格：5元　￥5
分量：2杯
口味：香滑

第三章 饮品类

看过很多香港肥皂剧，多数情节已如肥皂泡般消退，记忆对待美食总是格外开恩，愿意将它保留一辈子那么久。

对于龟苓膏的渴望，最初也是受到电视剧的蛊惑，剧中不经意的描绘，为我打开一扇想象之门，这种既养生又美容的食物，大概只有绮丽诱人的味道才配得上吧。

于是，初到深圳的几年，疯狂寻找与遐想匹配的龟苓膏。大多数甜品店，龟苓膏以整盅售卖，配以炼乳、蜂蜜，减其苦味，增其香滑之感。这种做法，少食尚可，要吃下整整一盅往往是食欲与耐力的双重考验。食之过半，炼乳与蜂蜜率先退场，只剩孤寡的龟苓膏，令人进退两难。

慢慢地我便不再吃龟苓膏，或许有些失望的情绪在内，连尝试的兴趣都没有。一日晚饭后，被朋友牵去甜品店，因他说是甜品，才跟了过去，一看餐单竟大半与龟苓膏有关，碰巧遇上店家活动，无论那款甜品都会配送一份龟苓膏，看来是避之不及了。

看了餐单上的图片，与往日所食龟苓膏大不相同，抱着"猎奇"心理，自己点一种，还强迫老公点了另外不同的一种。

结果咧，竟给我发现龟苓膏最完美的吃法，用吸管代替了勺子，细碎的龟苓膏随奶茶入口，无需咀嚼，直接滑过喉咙，口中只留一片清爽。除了奶茶，还有红豆、芒果等口味，统统与龟苓膏配的很合拍，原来，龟苓膏也是百搭的食物咧。此外，盅装也稍作"整容"，将龟苓膏切小块，以椰汁或蜂蜜水浸泡，方便入味。真是聪明的店家。

回来后开始惦记这样的龟苓膏，再去过两次，又自怨作为美食达人，不亲自动手真是会被人看扁嘛，于是跟着直觉去做，还特意加了自制蔓越莓冰激凌，味道自然是更佳一层。

龟苓膏也可以超好吃，只要找对方法，就能赋予它最考究的味道。没有拙劣的食材，只有技不如人的厨师。

原 料

龟苓膏 1盒
椰汁 1瓶
蜜红豆 20克
炼乳 适量
冰激凌 1勺
冰块 2~3块

做 法

1. 将龟苓膏切成小块。
2. 取一只干净的杯子，在杯子中倒入蜜红豆。
3. 然后加入切好的龟苓膏。

4. 在上面淋上炼乳。
5. 倒入椰汁。
6. 最后加入冰块和冰激凌即可。